技術框架 × 創新模式 × 行業應用
整合基礎概念、技術實踐與倫理挑戰

AI時代的資料科學

· 驅動創新的大數據技術 ·

牛奔，耿爽，王紅 著

大數據時代的未來全景，技術、應用與創新實踐

理論基礎 × 未來趨勢……
從教育到醫療，探討資料科學技術在多領域的價值及發展

目錄

前言	005
第 1 章　資料科學的基礎與影響	009
第 2 章　資料科學的核心技術	043
第 3 章　資料科學的方法論	083
第 4 章　資料科學的典型應用	173
第 5 章　資料驅動的創新與創業	267
第 6 章　資料安全與道德責任	299
後記	327

目錄

前言

我們生活在網路與資訊科技無處不在的時代，人們的生活離不開各類智慧裝置，由於人們的創作內容與使用軌跡被各類應用所記錄，所以用戶資料量迅速成長。與此同時，產業數據的標準化與儲存設備不斷發展，產業數據也飛速成長，大量的資料帶來巨大的挑戰，而這些挑戰又帶來了前所未有的創新能力和經濟機遇，資料已逐步成為推動各類應用創新、產業轉型、商業模式變革的原動力。

從科學與教育的角度來看，了解巨量資料的挑戰、機遇和價值，探索資料對傳統理工科、社會科學、商業和管理學科的重塑作用，具有非常重要的意義。這種重塑和轉換，不僅由資料本身驅動，也由理解、探索和利用資料建立、轉換或調整等其他方面驅動。

在一次關於資料科學（data science，又稱數據科學）和資料分析的集思廣益的會議上，來自主要分析軟體供應商的幾位行業代表，提出了幾個關鍵問題：「資訊學已經存在這麼久了，我們為什麼需要資料科學？」、「什麼是資料科學？」、「資料科學是否是新瓶裝的舊酒？」可以說，資料科學相關主題

前言

已成為統計學、資料探勘（Data mining）和機器學習會議上討論的主要關注點，在巨量資料、進階分析和資料科學方面，「資料驅動」等主題也受到科學界的廣泛關注。儘管今天很少有人會問 10 多年前被問到的問題，但對於透過資料科學和分析研究，在教育和經濟方面可以實現什麼目標，尚未得到一致的回答。有幾個關鍵術語，如資料分析、進階分析、巨量資料、資料科學、深度分析、描述性分析、預測分析和規定性分析，這些術語關係緊密，容易混淆。

本書對資料科學領域的基本概念、基礎技術、應用領域、資料驅動的創新創業、資料安全與倫理，進行了介紹和討論，適用於對資料科學感興趣的學生與初級入門的讀者。本書共有六章內容，具體安排如下。

第 1 章，描述資料科學的概念與影響，對資料科學的定義、方法、工具、語言和框架做了整體介紹。此外，第 1 章從教育、醫療、交通、農業、行銷、用戶行為特徵等方面展開，說明資料科學對現實生活的影響，以及從巨量資料的有效性與資料共享問題，揭示資料科學目前面臨的機遇與挑戰。

第 2 章，闡述了資料科學的基礎，首先介紹資料科學技術的整體概覽，其次分別從資料採集、資料儲存、資料處理 3 個角度，對資料科學技術架構的演化進行探索，最後對資

料科學技術的 7 個領域分別做簡單的介紹。

第 3 章，介紹資料科學技術方法。該章首先介紹資料科學技術方法概論和資料統計分析。其次詳細介紹分類技術，包括基於最近鄰的分類、貝氏分類、神經網路分類、組合分類方法、多分類問題和分類技術應用案例。最後介紹了聚類技術，包括聚類分析、相似性度量方法、常見聚類分析方法、聚類評估和聚類技術應用案例。

第 4 章，對資料科學的一些常見應用場景進行了介紹，包括資料科學在個性化推薦、智慧醫療、電子商務和專利分析領域的應用。針對不同的應用場景，本書以案例為線索，對應用場景的相關概念、發展現狀、面臨的挑戰和具體方法進行介紹。

第 5 章，主要介紹資料智慧創新與創業。首先介紹資料蘊含的商業價值以及在資料探勘過程中的困難點及應對，其次闡述資料驅動下的創新、創業的內涵，與特徵、現狀及機會，並對應用案例進行討論，最後歸納資料驅動下的技術創新模式與管理要素。

第 6 章，主要介紹資料安全與倫理，透過列舉一些典型案例，引發讀者思考，討論資料安全與隱私保護的對策、建議和資料倫理問題的治理方案。

前言

　　本書由牛奔、耿爽和王紅共同撰寫，感謝學科交叉創新團隊成員（郭晨、張浩、鄒晨、梁鉻敏、黃鑫、何曉芙、王婕）提供的幫助。目前本書內容有限，希望本書可以拋磚引玉，為希望深入了解資料科學的原理及應用的人，提供一些有益的借鑑和幫助。由於作者所知有限，書中錯、謬、淺、漏在所難免，敬請諸位專家、學者、同行不吝指正。

牛奔　耿爽　王紅

第1章
資料科學的基礎與影響

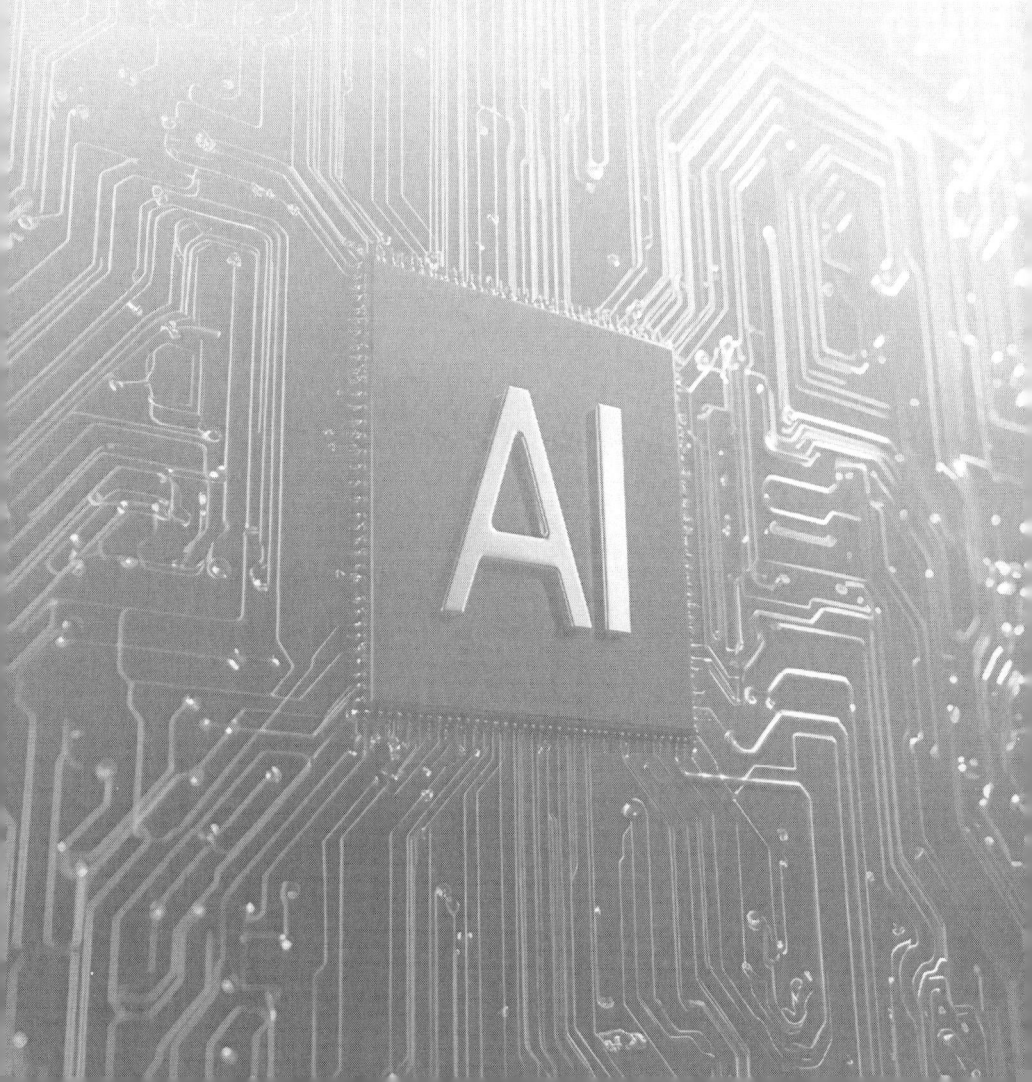

第 1 章 資料科學的基礎與影響

1.1 資料的基礎概念與內涵

1.1.1 什麼是資料

資料是指記錄、描述和辨識客觀事物的性質、狀態以及相互關係的物理符號,例如數字、字母、符號和模擬量等,透過有意義的組合,來表達現實中某個客觀事物的特徵。以二進制表示的 0 和 1 為例,透過不同的組合,可以描述現實中人們可理解的十進位制數字、字母、圖形和影像等。

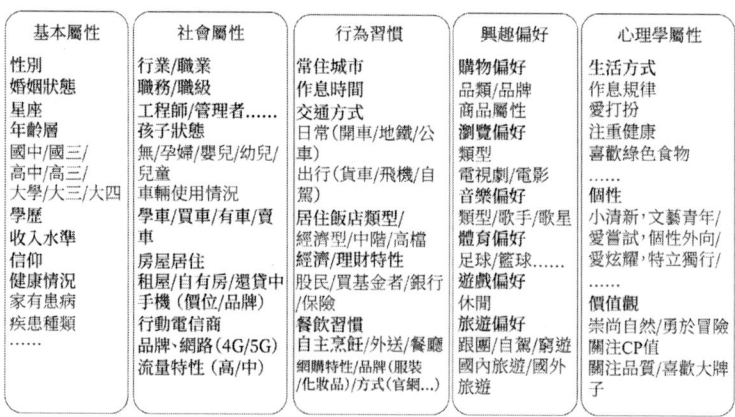

圖 1-1 社群網路使用者資料(何明,2020)

資料可以被度量、蒐集、處理、分析和傳播,還可以表示人類行為特徵與社會關係。在電子商務與社群媒體領域,使用者的資料包括基本屬性、社會屬性、行為習慣(王仁武

等,2019)、興趣偏好與心理學屬性等(見圖 1-1)。透過分析使用者資料,可以獲得使用者價值和制定相應的行銷對策。

1.1.2 資料結構模式

資料可以據其結構模式分為三類:

(1) 結構化資料

結構化資料以二維表的形式儲存,二維表是具有行與列資料的表格。結構化資料通常儲存在關聯式資料庫中,如客戶關聯式資料庫、學籍資料庫、課程資料庫、成績資料庫等。

(2) 半結構化資料

半結構化資料有明確的資料框架,但不符合關聯式資料庫的儲存要求,相當於弱化的結構化資料。半結構化資料通常以可延伸標記式語言(XML)或 JS 物件表示法(JSON)格式儲存。

(3) 非結構化資料

非結構化資料沒有固定的結構模式。隨著資訊時代的發展,非結構化資料占全體資料的比例越來越高,常見的非結構化資料有訂單、入口網站或可移動終端等產生的文字、語音、影片、圖形和影像等。

1.1.3 資料的價值

隨著物聯網、雲端運算和人工智慧等資訊科技的發展，人們產生的資料在急遽成長。目前，全球產生的資料已達 ZB 等級，世界各個地區的人們，透過網路交流，甚至連物品也可以產生資料，射頻辨識技術（RFID）條碼掃描器數量急遽增加，資料的上傳與下載規模不斷擴大……企業家與學者們紛紛表示，資訊相當於 21 世紀的石油。這些巨量的資料，有著規模大（Volume）、類型多（Variety）、流轉快（Velocity）、價值密度低（Value）、真實性（Veracity）等特點 (Emani et al.，2015；Hariri，Fred-ericks & Bowers，2019)。

原始資料經過解釋後，會產生相對有用的資訊。經過不同人解釋的資料，會形成不同的資訊。同樣，資訊對不同人而言，有用程度是不一樣的。基於同一份原始的營運資料，不同的營運團隊會得出不同的分析結果。同一份資料分析結果，對產品團隊和技術團隊的用處是不一樣的。另外，某個時間，如「1999 年 11 月 10 日」，對大多數人而言，只是一個普通的時間，這是數據；但對某些人而言，可能是好朋友的生日，這就是資訊。

知識是經過整合、提煉和加工的資訊，代表著對資訊規律的探索和歸納，智慧則是對知識體系的綜合運用（見圖

1-2)。透過歸納出的模式、趨勢、事實、關係和模型等知識和智慧，資料探勘可以幫助我們更能決策與預測未來。

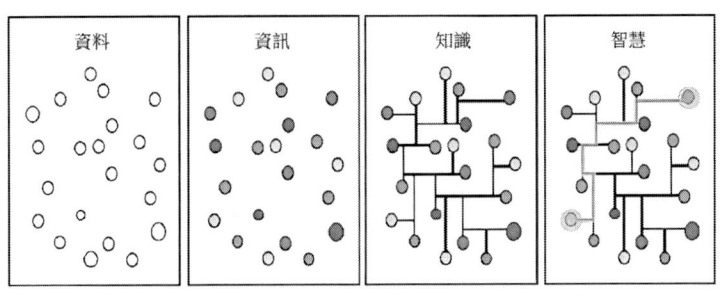

圖 1-2　資料──資訊──知識──智慧（Gapingvoid，2019）

1.2 資料科學的發展歷程

　　資料科學的發展歷程如圖 1-3 所示。在發展初期，資料科學一直被模糊地定義為各學科的代名詞。約翰·圖基（John Tukey）在 1962 年提出了一個新領域──「資料分析」，這與當今的資料科學含義非常相像（Donoho，2017）。此後，在蒙佩利爾第二大學於 1992 年舉辦的統計學論壇中，與會者一致認為一門新興的學科正在興起。這門學科關注不同來源與多元資料，並將已有的統計學知識和資料分析處理技術的概念，與資料結合起來（Escoufier，Hayashi & Fichet，1995；Murtagh & Devlin，2018）。

第 1 章 資料科學的基礎與影響

1974 年,「資料科學」作為專業術語首次被提出,1996 年,國際船級社協會(International Association of Classification Societies)第一次將資料科學作為一個會議主題(Cao,2017),然而資料科學的含義沒有被明確定義。1997 年,美籍臺裔統計學家吳建福(C. F. Jeff Wu)提出,統計學應該被重新命名為資料科學,目的是幫助統計學擺脫不精確的刻板印象,比如成為會計學的代名詞,或者被局限於僅僅是定義資料的學科(Wu,1997)。1998 年,林知己夫(Chikio Hayashi)提出資料學科應該是一門跨學科,融合了資料設計、蒐集和分析的新概念(Murtagh & Devlin,2018)。

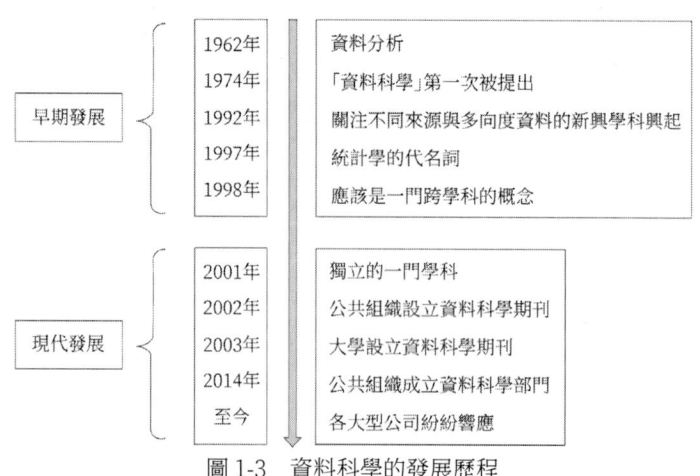

圖 1-3　資料科學的發展歷程

直到 21 世紀,資料科學的概念逐漸發展起來。2001 年,克里夫蘭(William S. Cleveland)第一次提出將資料科學作為

一門獨立的學科（Gil，2013）。他提出統計學需要擴展，即超越理論，並應用到技術領域，這會大大改變這個領域，因此值得一個新的命名。在接下來的時間裡，「資料科學」一詞被廣泛地使用。2002 年，國際科學資料委員會（Committee on Data for Science and Technology）創辦了資料科學雜誌 *Data Science Journal* [01]。2014 年，美國統計協會（American Statistical Association）旗下的統計學習與資料探勘部門，重新命名為統計學習與資料科學部門。近十幾年中，業界的大型公司紛紛設立自己的資料科學部門，越來越多人從事資料科學的工作，反映並推動了資料科學的發展（Talley，2016）。

1.3　資料科學的定義與特徵

1.3.1　資料科學的概念

整體而言，資料科學就是運用數理統計、人工智慧以及某些領域的經驗，從各種結構化資料、半結構化資料及非結構化資料中，發現知識與智慧的跨領域學科。如圖 1-4 所示，在實際應用中，資料科學與雲端運算、資料工程、駭客思維等知識密切相關（Dhar，2013；Leek，2013）。

---

[01]　https://datascience.codata.org/

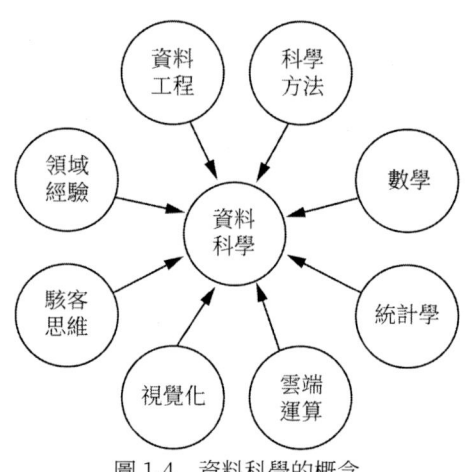

圖 1-4　資料科學的概念

　　科學家把思考問題的邏輯方式稱為正規化。在人類文明的最早時期，人們只能靠經驗處理問題，稱為科學第一正規化：實驗科學。為了避免自然環境的影響，人們透過實驗設計與演算獲得各種理論，稱為科學第二正規化：歸納總結。當電腦技術不斷發展，科學家運用電腦來模擬更複雜的環境，稱為科學第三正規化：電腦模擬。隨著資訊大爆炸時代的到來，電腦從模擬，轉向利用巨量資料進行挖掘分析。目前，資料科學對科學研究與社會生活的發展越來越重要。圖靈獎得主詹姆斯・尼古拉・格雷（Jim Gray）將其稱為科學第四正規化，即從現實生活中蒐集巨量資料，並推動研究發展（Bell，Hey & Szalay，2009；Tansley & Tolle，2019）。

1.3.2 資料科學使用的方法

資料科學是涉及統計學、電腦科學、機器學習的交叉學科。從機器學習角度來看，其方法可分為：有監督學習、半監督學習和無監督學習。本小節所列方法為資料科學的常用經典方法（見圖1-5），劃分並非絕對化。

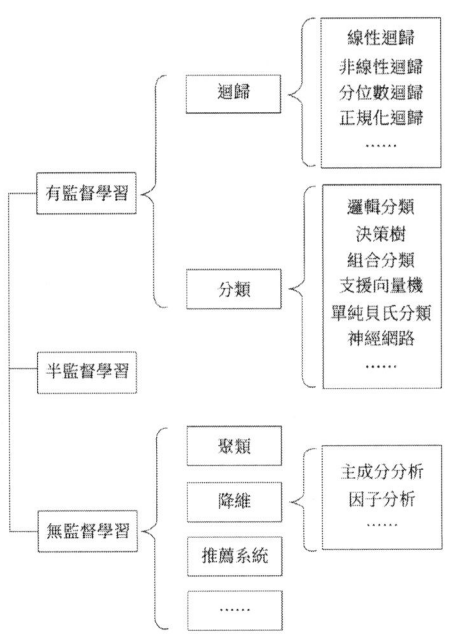

圖1-5　資料科學的常用方法（方匡南，2018）

有監督學習包含N組以 $\{(x_1, y_1), (x_2, y_2), (x_3, y_3), \ldots\ldots, (x_n, y_n)\}$ 形式表達的訓練資料，其中 x_i 是第 i 個範例，y_i 是它的標籤。根據訓練資料需求，尋找一個從X

對應到 Y 的 f 函數，其中 X 是輸入空間，Y 是輸出空間，函數 f 是 G 個可能函數集合中的一個元素，通常稱為假設空間（hypothesis space）。

在進行有監督學習時，首先，需要判斷訓練資料的類型。資料科學家在進行資料分析時，需要選擇適合作為訓練集的資料，例如數值型資料、字元型資料、字串等。隨後，資料科學家需要蒐集訓練集資料。訓練集資料需要真實地反映現實世界，且能有代表性地反映。在蒐集時，也需要對響應輸出的資料進行蒐集，輸出的資料可以是測量得出的，也可以是透過經驗得出的。其次，輸入的資料被轉換成一個特徵向量，透過一定的準則和方法，將資料分為訓練集和驗證集。資料科學家需要根據資料是連續的還是離散的，選擇相應的迴歸或分類等學習演算法。其中，迴歸方法包括線性迴歸、非線性迴歸、分位數迴歸、正規化迴歸等，分類方法包括邏輯分類、決策樹、組合分類（如隨機森林等）、支援向量機、單純貝氏分類和神經網路等。最後，利用驗證集來評估學到的函數。

無監督學習與有監督學習相反，有監督學習通常有已經標記的輸出值，即標籤，而無監督學習只有輸入值，在現實世界中沒有標記的相應輸出值，即沒有對應的標籤。無監督學習的方法主要包含聚類和降維分析。聚類是將帶有共同屬性的特徵組合或劃分在一起，常見的聚類有 K-means 聚類

等。降維則包括主成分分析（Principal Componentsanalysis，PCA）和因子分析等方法。

半監督學習處於有監督學習和無監督學習之間，在訓練時既包含一部分有標籤的資料，也包含大量沒有標籤的資料。例如某大型網路企業有10萬名使用者的資料，其中已經推送優惠資訊給5萬名使用者，已知有3.5萬名使用者產生了購買行為，1.5萬名使用者沒有產生購買行為。那麼對剩下的5萬名使用者，企業推送優惠資訊後，他們是否會產生購買行為是未知的。在建模時，綜合利用已推送優惠資訊的5萬名使用者的資訊，和剩下的5萬名使用者的資訊，可以預測剩餘使用者的購買行為，以及檢驗該企業優惠資訊制定的有效性，這就是半監督學習。

1.3.3　資料科學使用的工具

資料科學任務中可使用的工具較多，從功能來說，可以分為資料採集工具、開源資料工具、資料視覺化工具、情感分析工具和資料庫等。資料採集工具有 Content Grabber、Parse Hub 等；開源資料工具有 Rapid-Miner、MATLAB、Open Refine、KNIME 等；資料視覺化工具有 Tableau、Power BI、Solver 等；情感分析工具有 HubSpot Service Hub、Semantria、Trackur 等；資料庫有 Oracle、PostgreSQL、Airtable、MariaDB 等。本節主要介紹以下幾個常用的分析工具：

第 1 章 資料科學的基礎與影響

（1）RapidMiner

RapidMiner[02] 在 2006 年首次發行，是一款資料科學、機器學習和預測分析領域的整合跨作業系統的軟體（見圖 1-6、圖 1-7）。它可以用於商業、教育、快速原型設計和產品迭代，且支援機器學習全過程，包括資料準備、結果視覺化和最佳化等。

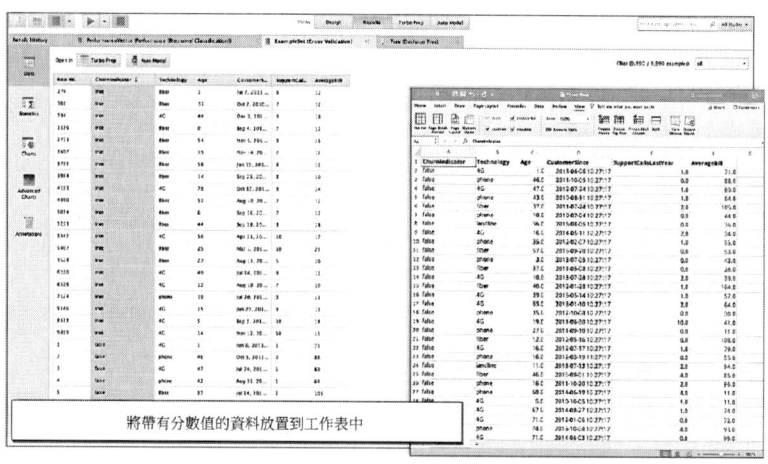

圖 1-6　RapidMiner Studio 工作表介面（RapidMiner，2020）

---

[02]　RapidMiner，https://rapidminer.com.

1.3 資料科學的定義與特徵

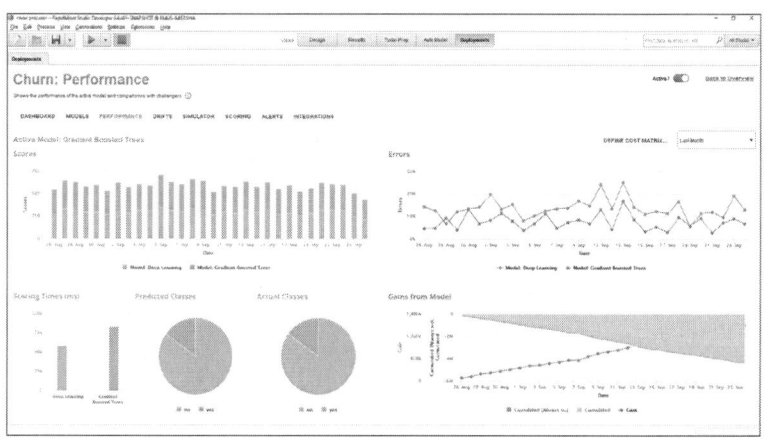

圖 1-7　RapidMiner Studio 視覺化介面（RapidMiner，2020）

RapidMiner 透過軟體提供模板框架，使用者可以在不用編寫程式碼、盡量避免錯誤的情況下，快速分析資料，因此，RapidMiner 可以提供 99％的高級資料分析解決方案 (David，2013)。RapidMiner 提供資料提取、資料轉換和資料轉載（ETL）、資料預處理、資料視覺化、預測分析、統計建模、評估和開發全過程。RapidMiner 提供圖形使用者介面給使用者設計和規劃分析工作流程，這些工作流程在 RapidMiner 中稱為「過程」，且包含大量的操作按鈕。目前，RapidMiner 已釋出 6 款產品，分別是 RapidMiner Studio（支援視覺化工作流程和全自動操作），RapidMiner Auto Model，RapidMiner Turbo Rrep，RapidMiner Go，RapidMiner Server 以及 RapidMiner Radoop。

(2) MATLAB

MATLAB[03]由美國公司 The Math Works 研發（見圖1-8）。MATLAB 被許多工程師和科學家使用，主要用來進行數學運算，改進演算法以及開發系統。基於其強大的程式語言，人們可以直接用 MATLAB 來進行陣列和矩陣運算。同時，MATLAB 提供大量工具箱，滿足從訊號與影像處理、控制系統、無線通訊和經濟執行計算，到機器人設計、深度學習（deep learning）和人工智慧各領域的需求。

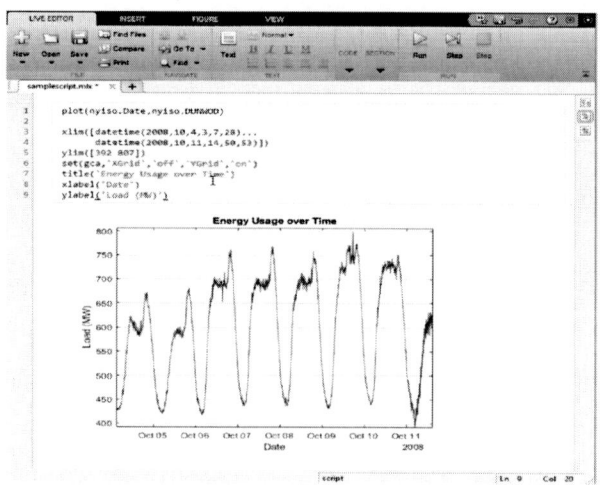

圖1-8　MATLAB 介面（MATLAB，2020）

MATLAB 可以應用到氣候學、維修預測、醫藥研究和經濟等領域。MATLAB 為工程師和科學家主要提供以下服務：

---

[03]　Matlab，https://www.mathworks.com/products/matlab.html.

①專門為工程和科學研究資料設計的資料結構函數庫和資料預處理能力。

②高度可互動和定制化的視覺化操作。

③內嵌上千種統計分析、機器學習和訊號處理的函數。

④大量專業的紀錄文件與說明書。

⑤簡單的程式語言與高速的處理效能。

⑥自動打包分析結果,無須人力操作。

(3) Tableau

Tableau[04] 是一款熱門的商用資料分析與視覺化工具。其工作表與 Excel 類似,可以在 Excel 中處理資料後,再匯入 Tableau,或直接在 Tableau 中對資料進行預處理。

Tableau 操作十分簡單,透過拖曳維度與屬性到行和列,可以快速匯總資料,生成一系列圖表。此外,Tableau 內嵌的「智慧推薦」功能,能夠幫助使用者快速拖曳相應數量的維度和度量指標,生成各種圖形,例如文字表格、世界或個別地區的地圖、單一或並排的柱狀圖、離散或連續的折線圖、離散或連續的面積圖、散布圖、甘特圖、熱圖、堆疊圖、圓檢視、直方圖、靶心圖、圓餅圖、雙組合圖、箱形圖與文字雲圖等。另外,如果想生成某種特定的圖,Tableau「智慧推薦」還會提示使用者選擇多少個維度或屬性。

---

[04] Tableau,https://www.tableau.com/.

1.3.4 資料科學使用的語言

資料科學使用的程式語言，主要有 Python、R 語言、Julia、MATLAB 語言等，使用者根據實際任務領域和工作需求而選擇，本小節介紹兩種常見的資料科學語言：

（1）Python 語言

Python 語言由荷蘭電腦程式設計師吉多‧范羅蘇姆（Guido van Rossum）在 1991 年開發（見圖 1-9）。Python 的功能十分強大，可以作為開發應用程式的電腦網路伺服器語言；可以與軟體配套建立工作流程；可以與資料庫系統連線讀寫檔案；可以用來處理巨量資料和計算複雜的數學問題；可以用來進行快速原型開發。

Python 經常被稱為最方便快捷的語言。除此之外，Python 還有許多優點：

① Python 可以跨平臺使用，如在 Windows、Max、Linux、Raspberry 等系統工作。

② Python 的語法十分簡單，與英文語言使用語法相近。

③ 與其他語言相比，Python 簡單的語法規則，使開發者可以用更簡潔的程式碼來進行程式設計。

④ Python 可以在編譯器系統上執行，因此程式碼編寫完後很快就能執行，這有利於快速的原型設計。

⑤ Python 語言可以用過程方式、物件導向方式或函數方式來處理。

綜上，在資料科學領域，由於 Python 有眾多優點，Python 經常被企業程式設計師所使用。更多有關 Python 的介紹與 Python 語法，可以透過閱讀官網[05]與相關圖書獲取。

```
# Python 3: Simple output (with Unicode)
>>> print("Hello, I'm Python!")
Hello, I'm Python!

# Input, assignment
>>> name = input('What is your name?\n')
>>> print('Hi, %s.' % name)
What is your name?
Python
Hi, Python.
```

圖 1-9　Python 語言（Python，2020）

(2) R 語言

R 語言[06]是一種統計程式設計以及視覺化語言，由紐西蘭奧克蘭大學的羅斯·伊哈卡（Ross Ihaka）和羅伯特·傑特曼（Robert Gentleman）共同開發。

因為 R 語言與 S 語言十分相似，故 R 語言可以被視為 S 語言的進階版。目前 R 語言正在逐步替代 S 語言，儘管兩者

---

[05]　Python，https://www.python.org/.
[06]　R，https://www.r-project.org/.

有所不同，但 S 語言上的大部分程式語言，也可以在 R 語言的編譯系統下執行。

R 語言是一系列資料處理、計算和圖形展示工具的整合式軟體，它包含許多功能，例如：

①有效的資料處理與儲存能力。

②一系列計算陣列的處理器，尤其是計算矩陣。

③一系列強大、整合、相容的、用於資料分析的過渡工具。

目前，R 語言已被廣泛應用到資料科學研究（見圖 1-10），如經濟學、農業和生物科學、生物化學、基因和分子生物學、地理科學、環境科學、免疫學和微生物學、數學以及神經系統科學等領域 (Tippmann，2015)。

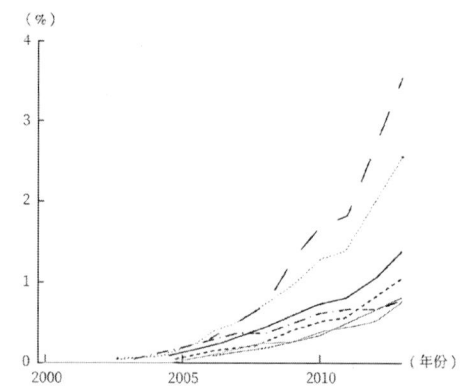

圖 1-10　R 語言在科學研究中的引用所占比例情況
（Tippmann，2015）

1.3.5 資料科學使用的架構

資料科學研究需要搭建支援資料密集型任務的軟體框架,常見的軟體框架有 Apache Hadoop、TensorFlow、Pytorch、Jupyter Notebook 等,本小節介紹常見的 Apache Hadoop 生態架構。

Apache Hadoop 的前身為 Google 公司開發的 MapReduce 演算法框架(見圖 1-11)。在資訊爆炸時代,行動網路、社群媒體平臺、新聞期刊、醫學治療、班機資訊和網路購物等,產生了大量的資料,短短兩年內產生的資料,就占人類歷史總資料的 90%(Taylor,2010)。傳統企業儲存資料需要一條一條將資料寫入資料庫中。對 Google 而言,傳統資料儲存及處理方式,不適用於「巨量的」、爆炸性成長的、結構複雜的資料。於是,Google 研發出一套可以同時抽取不同維度資料進行分散式計算的 MapReduce 演算法。

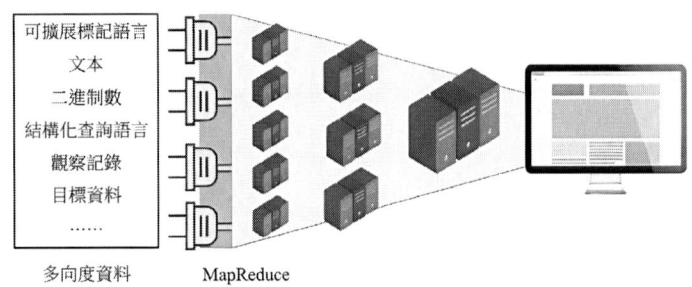

圖 1-11　MapReduce 概念圖
(Yahya,Hegazy & Ezat,2012;Zhao & Pjesivac,2009)

Apache Hadoop（White，2012；Taylor，2010）是一款開源軟體框架，包含資料抽取、轉換和載入過程，統計分析與預測分析等整合功能（見圖 1-12）。它主要根據 Google 公司的分散式計算框架 MapReduce 與雅虎公司的分散式檔案系統（Hadoop Distributed File System，HDFS）實現而成，同時也包含許多子項目，如 HBase（分散式資料庫）、Hive（搭建在 Hadoop 上的資料倉儲）、Spark（記憶體計算工具）、Flume（日誌蒐集工具）、Sqoop（結構化資料庫與 Apache Hadoop 之間的資料提取、轉化、載入工具）、Pig（資料分析平臺）、Oozie（對系統工作流程進行排程安排的工具）、Ambari（叢集管理的頂尖工具）和 Zookeeper（分散式資源配置和管理工具）等。

MapReduce 透過分割應用程式，使每個節點的資源被充分利用。HDFS 透過設計分散式檔案系統儲存在不同節點上的多元資料，為系統帶來高寬頻。可見，Apache Hadoop 的框架將軟體、硬體和資料連線，可以支持應用程式提供可靠服務和資料移動，已經被許多使用者和開發者使用。

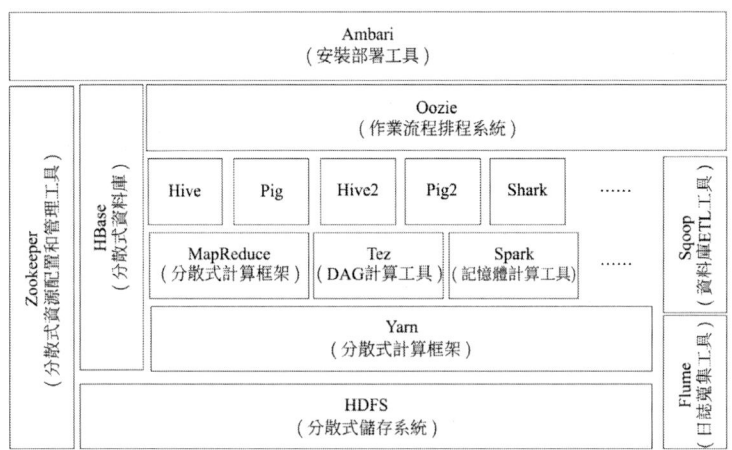

圖 1-12　Apache Hadoop2.0 架構
（Bobade，2016；Uskenbayevaetal.，2015）

1.4　資料科學在現實中的影響力

1.4.1　變革教育模式

面授課程一直是教育的主要方式，近年來，遠距教學與網路學習越來越受到學生與教師的重視。

新一代的線上學習平臺向全社會開放，匯集了大量求學者和知識分享者，相應地，會有巨量資料回饋，這有助於對普遍學生的學習模式進行研究和分析，從而進一步提升教學方式和最佳化線上課程推薦。平臺可以透過發現不同求學者

的學習時間，匹配出不同求學者對不同知識點的回饋情況，從而提煉出繁重而困難的知識點，有助於教師相應安排教學時長與進度。對考試而言，透過線上測驗或模擬測驗，學生可以立即發現自己存在的漏洞，且與該平臺的平均成績進行比較，判斷自己的學習情況。教師可以透過某個知識點學生出錯頻率的資訊，了解不同學生群體對知識點的掌握情況，從而在課程中強化該知識點。由此，教育巨量資料可以反映出學習活動的普遍規律，使教師和學生更有針對性地教授和學習。

1.4.2 提升醫療服務水準

傳統的醫療診斷大部分靠主治醫生的判斷。在巨量資料的背景下，醫療資料如胸部 X 光片等都可以被保存下來，並加以利用。例如透過胸部 X 光片的巨量資料，可以訓練出一個分類模型，該模型可以實現以下功能：根據傳入照片，自動辨識、分類，得出預測結果，從而輔助醫生做出判斷。

這些巨量資料還可以與其他多源資料一同分析，找出彼此之間的相關性，從而幫助治療或預防相關疾病。例如某個地區的氣喘發病率特別高，居民對當地空氣品質頗有微詞。技術人員透過採集病人資料，與其他資料來源，如空氣品質資訊、交通資訊等進行深入分析，可以幫助醫生了解病因，從而給患者更有針對性的治療，也可以對當地居民做出健康預警。

科學家經常試圖在巨量的醫療資料中找到相關性。流感預測是其中一個例子，在社會化媒體中，當「流感」、「鼻塞」、「喉嚨痛」等關鍵字大量出現時，就會釋出流感預警，提醒相關地區的居民做好保護措施。另外，醫療巨量資料在研究藥物之間的不良反應時，也有用武之地。醫生可能對藥物間的不良反應有所不知，患者也不會向醫生回饋，而是自行在網路搜尋相關資訊，這種資料會成為發現藥物間不良反應的工具。因此，醫療巨量資料可以幫助醫生預測病情、輔助診斷、為地區提供疫情預警以及用於醫學研究調查。

1.4.3 建構智慧交通

巨量資料為城市管理能力的提升提供了基礎。電信業者 Orange 和國際商業機器公司（IBM）在交通巨量資料應用方面提供了一個案例。已知使用者擁有具備全球定位系統（GPS）的手機，並允許地圖類應用軟體使用、並分享他們的位置資訊，這樣就可以蒐集大量資料。傳統改善城市交通的研究，往往需要人工實地調查研究，需要投入較多時間成本和人力成本，因此行動通訊服務資料的使用便提供了極大的便利，也讓調查資料具備即時性和準確性。

IBM 利用使用者通訊時所建立的位置資訊，描繪出一段時間內使用者的移動軌跡，並以此最佳化城市交通網路，對

公車行駛路徑進行重新規劃，為乘客節省相當多的時間，帶來極大的便利。除了使用者的移動位置資訊，還有常規的攝影機監控，這些共同組成了交通巨量資料。利用交通巨量資料可以為城市基礎設施建設、紅綠燈等待時間、上下班交通擁塞預測、大型活動安全應急方案等提供資料，從而建構智慧交通（郭昕等，2013）。

1.4.4　發展農業建設

目前的農業開放資料平臺可以充分利用作物資訊、土壤溼度資料、氣候變化資料、市場價格變化資訊等，來為農業生產服務，預測種植規模。

農業開放資料平臺（見圖 1-13）可以提供：普及農技知識服務；測土服務，實現精準農業生產與提升抵禦市場風險的能力；區塊資訊展示服務，幫助決策者因地制宜制定方案；種植預測和種植方案推薦服務，根據不同土壤資訊、氣候、市場優惠價格、農藥花費等因子，提供種植方案。

1.4.5　提升行銷價值

使用者巨量資料可以幫助企業建構使用者畫像，篩選出潛在客戶，並制定精準行銷策略。透過資料探勘，得出客戶與產品資訊，可以參考以下流程，建立行銷資料庫。

對客戶而言，標注其人口統計特徵、興趣偏好、行為偏好，得出使用者畫像；透過對其回購率、消費單價和相關資訊，進行客戶價值評級，得出目標潛在客戶、主要維護客戶、發展客戶或一般客戶等。對產品而言，標注產品特性、目標群體與產品價值，形成產品檢視；透過競爭對手資料，進行定價分析和改進策略制定。針對客戶接觸點和客戶聯絡人，將產品與客戶相匹配，透過市場活動，如促銷、品牌宣傳等方式觸及客戶，實行個性化精準推薦（陳軍君等，2019）。

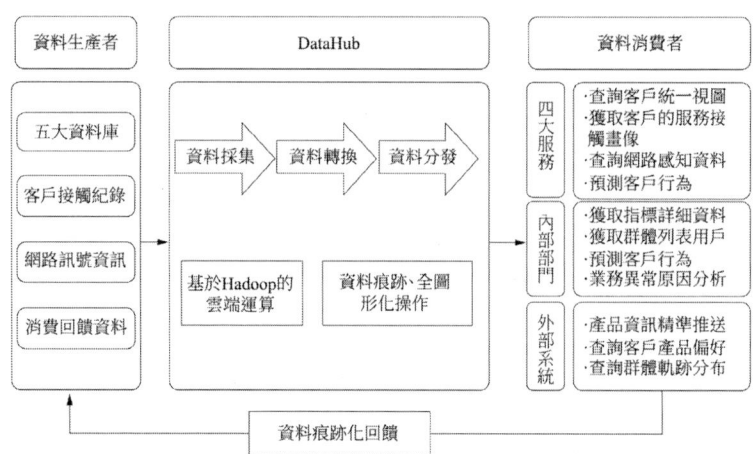

圖 1-13　農業開放資料分析業務邏輯（陳軍君等，2019）

1.4.6　回饋群體行為特徵

根據各電信業者等網路服務商提供的資料，揭示了總體用戶群體在一天內即時通訊、短影音、網路直播、網路新

聞、網路外送和網路購物六類應用的使用情況分布,這些分布曲線可表示當代網路的總體用戶畫像。

1.5 資料科學的挑戰與機遇

1.5.1 巨量卻無效的資料

　　資料儲存了巨量的資訊,例如位置資訊、圖片資訊、使用者瀏覽紀錄、某路口車流量等,然而儲存的資料並不都是有用的。企業為了從巨量的資料中挖掘有用的資訊,需要數據分析師對資料進行分類與分析。數據分析師通常需要花費大量的時間在資料淨化(data cleaning)上,而不是在資料分析上(宣敏,2018)。因為巨量的資訊泥沙俱下,需要仔細鑑別與篩選。因此,對巨量資料進行分類和分析,從而找到有用的資料,是企業巨量資料面臨的一大挑戰。

　　為了解決這個問題,企業通常需要高薪聘請數據分析師或長期訓練企業內的員工,去處理各式各樣的巨量資料,從而做出預測,以輔助未來決策,但這個過程對企業而言,是極其花費時間與精力的。大多數企業通常嘗試直接讓企業內的員工去對巨量資料進行分類和分析,這樣就有可能會分析出錯誤的結果,或者無法分析出想要的結果。

1.5 資料科學的挑戰與機遇

解決以上問題的方式,是運用資料分析軟體,這樣就不需要員工深刻理解如何處理巨量的資訊(見圖 1-14)。然而,儘管有了資料分析軟體,資料的品質也會為分析帶來困難。為了解決這個問題,儲存資料的架構必須已經有邏輯地將資料分類,這樣巨量的資料才能轉換成軟體可以理解並處理的資料,目前而言,這還是巨量資料面臨的一大挑戰。

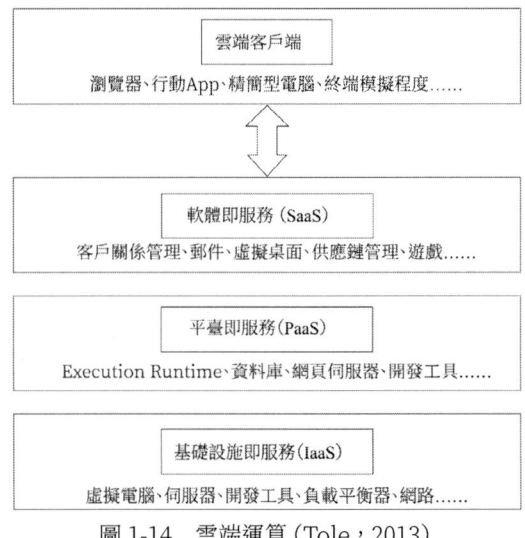

圖 1-14 雲端運算(Tole,2013)

1.5.2 資料共享問題

資料共享是網路發展帶來的產物,也是推動知識進步的橋梁。在網路上,僅僅透過搜尋瀏覽器,便可以獲取大量的資訊。然而,資料獲取的前提是資料共享。對個人而言,他

們有權決定資訊是「僅自己可見」，還是「設定為所有人可見」，這取決於他們所使用的服務或資訊披露的目的。

對企業而言，資料共享也是不可避免的一個挑戰，這展現了博弈論的思想。大多數企業都不會共享自己的大資料倉儲，因為這與它們的競爭力和客戶資訊敏感性相關。假如某家企業公開了自己的資料庫，其他不進行資料共享的企業，就可以獲取比該企業更多的資料，從而分析得到更精確的結果，更有利於自身企業進行決策。因此，假設某企業共享了它所了解的近期市場情況、潛在客戶資訊和未來策略，它就有極大可能需要關注目前的發展和目前的客戶。

所有實體都共享它們的巨量資料，似乎是不可能的事情，每個人都可以利用某家企業公開的透明資訊。資料的共享解決了資訊孤島問題，有助於個人、企業和社會協同發展。如何建構更合適的共享機制，讓各類巨量資料之間的共享變得常態化與標準化，是目前巨量資料面臨的挑戰之一（Tole，2013）。

1.6 本章總結

本章主要介紹了資料的概念、資料結構類型、資料的價值等資料科學的基礎知識，描述了資料科學的發展歷程。此外，本章對資料科學的定義、方法、工具、語言和框架，做了詳細的介紹。最後，本章從教育、醫療、交通、農業、行銷、使用者行為特徵等方面，展開說明資料科學對現實生活的影響，以及從巨量資料的無效性與資料共享問題提及資料科學目前面臨的機遇與挑戰。

參考文獻

[01] 陳軍君，吳紅星，端木凌. 中國大數據應用發展報告 [M]. 北京：社會科學文獻出版社，2019。

[02] 方匡南. 資料科學 [M]. 北京：電子工業出版社，2018。

[03] 郭昕，孟曄. 大數據的力量 [M]. 北京：機械工業出版社，2013。

[04] 何明. 大數據導論：大數據思維與創新應用 [M]. 北京：電子工業出版社，2020。

[05] 劉麗敏，郝麗媛.「金課」視閾下大學思想政治理論課的慕課教學改革及其深化 [J]. 學校黨建與思想教育，2019(7)：56-58。

[06]　王仁武，張文慧. 學術使用者畫像的行為與興趣標籤建構與應用 [J]. 現代情報，2019，39(9)：54-63。

[70]　宣敏. 對大數據時代下電腦資訊處理技術的探析 [J]. 電腦知識與技術，2018(8)：239-240+245。

[08]　中國資訊網路中心. 第 46 次中國網際網路發展狀況統計報告 [EB/OL].[2020-09-29].http://www.cac.gov.cn/2020-09/29/c_1602939918747816.htm.

[09]　BELL, G. , HEY, T. , SZALAY, A. Beyond the data deluge[J]. Science，2009，323(5919)：1297-1298.

[10]　BOBADE, V. B. Survey paper on big data and hadoop[J]. International Re- search Journal of Engineering and Technology(IRJET)，2016，3(1)：861-863.

[11]　CAO, L. Data science：a comprehensive overview [J]. ACM Computing Surveys(CSUR)，2017，50(3)：1-42.

[12]　DHAR, V. Data science and prediction[J]. Communications of the ACM，2013，56(12)：64-73.

[13]　DONOHO, D. 50 years of data science[J]. Journal of Computational and Graphical Statistics，2017，26(4)：745-766.

[14]　EMANI, C. K. , CULLOT, N. , NICOLLE, C. Understandable big data： a survey[J]. Computer science re-

view,2015(17):70-81.

[15] ESCOUFIER, Y. , HAYASHI, C. , FICHET, B. Data Science and Its Applications[M]. Academic Press/Harcourt Brace,1995.

[16] GAPINGVOID. Want to know how to turn change into a movement？[EB/OL][2019-03-15]. https://www.gapingvoid.com/blog/2019/03/05/want-to-know-how-to-turn-change-into-a-movement/.

[17] GIL PRESS. A Very Short History of Data Science [EB/OL]. http://www.forbes.com/sites/gilpress/2013/05/28/a-very-short-history-of-data-science/61ae3ebb69fd.

[18] HARIRI, R. H. , FREDERICKS, E. M. , BOWERS, K. M. Uncertaintyin big data analytics：survey, opportunities, and challenges [J]. Journal of Big Data,2019,6(1):44.

[19] LEEK, J. The key word in「data science」is not data, it is science. Simply Statistics,2013(12).

[20] MATLAB. MATLAB for Data Analysis Explore, model, and visualize data[EB/OL]. Retrieved from https://www.mathworks.com/solutions/data-analysis.html.

[21] MURTAGH, F. , DEVLIN, K. The Development of Data

Science：Impli- cations for Education, Employment, Research, and the Data Revolution for Sustain- able Development[J]. Big Data and Cognitive Computing，2018，2(2)：14.

[22] PYTHON. Functions Defined[EB/OL]. https://www.python.org/.

[23] RAPIDMINER. RapidMiner Studio, Comprehensive data science platform with visual workflow design and full automation[EB/OL]. https://rapidminer.com/products/studio/.

[24] TALLEY, JILL. ASA Expands Scope, Outreach to Foster Growth, Collab-oration in Data Science. Amstat News. American Statistical Association.

[25] TANSLEY, S. , TOLLE, K. The fourth paradigm：data-intensive scientific discovery(Vol. 1). T. Hey(Ed.). Redmond, WA：Microsoft research，2019.

[26] TAYLOR, R. C. (2010, December). An overview of the Hadoop / MapRe- duce / HBase framework and its current applications in bioinformatics. In BMC bioinfor- matics(Vol. 11, No. S12, p. S1). BioMed Central.

[27] TIPPMANN, S. Programming tools：Adventures with R [J]. Nature News，2015，517(7532)：109.

[28] TOLE, A. A. Big data challenges[J]. Database systems journal，2013，4(3)：31-40.

[29] USKENBAYEVA, R. , et al. Integrating of data using the Hadoop and R[J]. Procedia computer science，2015(56)：145-149.

[30] WHITE, T. (2012). Hadoop：The definitive guide. 「OReilly Media, Inc.」.

[31] WU, J. (1997). Statistics = Data Science?Retrieved from http://www2.isye.gatech.edu/~jeffwu/presentations/data-science.pdf.

[32] YAHYA, O. , HEGAZY, O. , EZAT, E. (2012). An efficient imple-mentation of a - priori algorithm based on hadoop - MapReduce model. InternationalJournal of Reviews in Computing，12.

[33] ZHAO, J. , PJESIVAC - GRBOVIC, J. (2009). MapReduce：The pro-gramming model and practice.

第 1 章 資料科學的基礎與影響

第 2 章
資料科學的核心技術

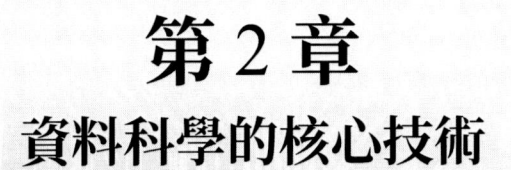

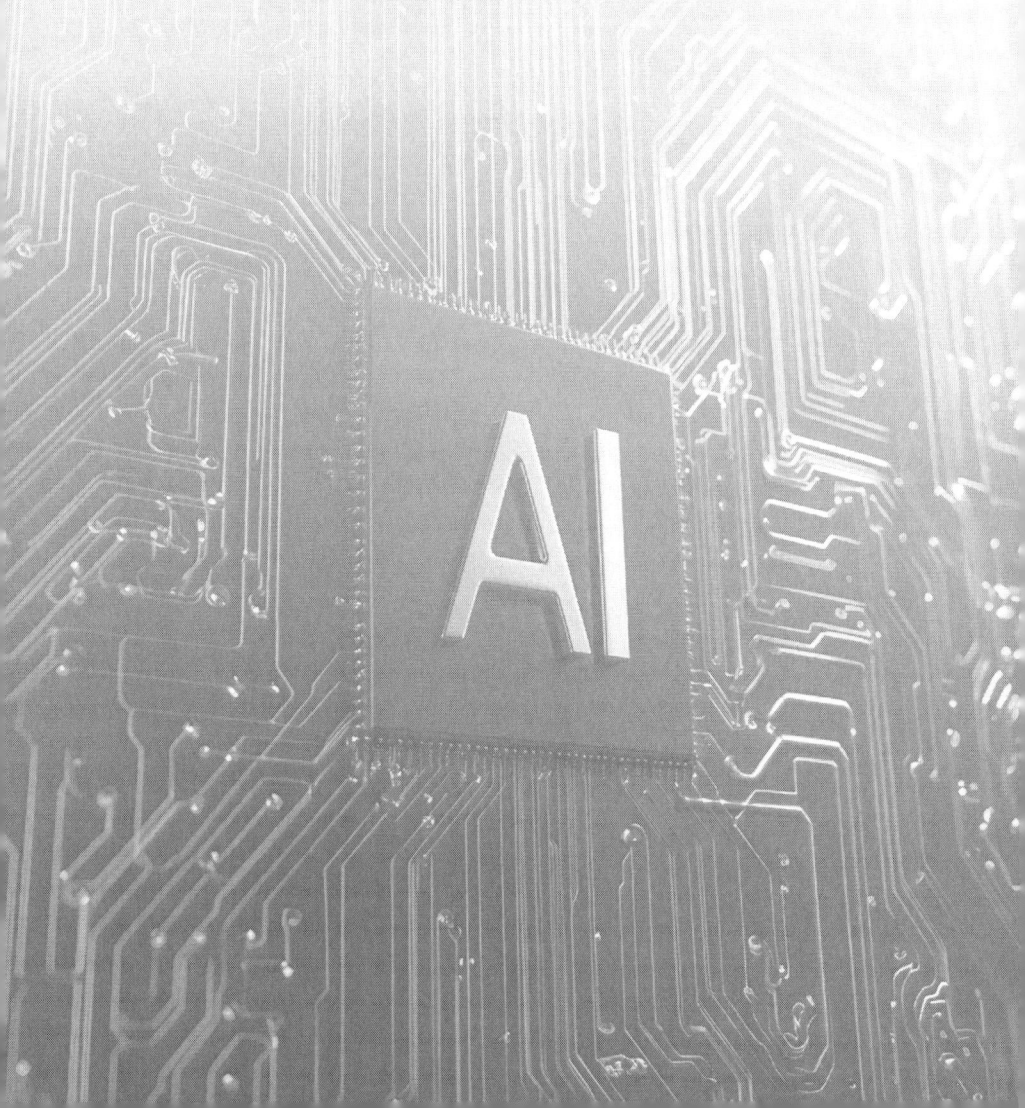

第 2 章 資料科學的核心技術

2.1 資料科學技術的全面概覽

2.1.1 資料科學技術的介紹

資料科學是什麼？專家(2018)給出這樣的定義：資料科學是以揭示資料時代，尤其是巨量資料時代新的挑戰、機會、思維和模式為研究目的，由巨量資料時代新出現的理論、方法、模型、技術、平臺、工具、應用和最佳實踐，組成的一整套知識體系。

專家德魯・康威(Drew Conway)在對資料科學的研究中，發明了資料科學文氏圖(朝樂門等，2018)(見圖 2-1)。從圖 2-1 可以看到，資料科學的基礎由各方面的領域知識組成，它是駭客精神與技能、機器學習、數學與統計知識、傳統研究、領域實務知識、危險區域等六個領域知識的交叉之處，是一門交叉型新興學科。這些在資料科學研究以外的領域知識，可以作為資料科學的理論來源。多個不同領域知識的交叉，使資料不僅得到理論化的科學解釋，也能從其他領域的角度來借鑑學習，從而實現科學的資料管理。

图 2-1　資料科學文氏圖

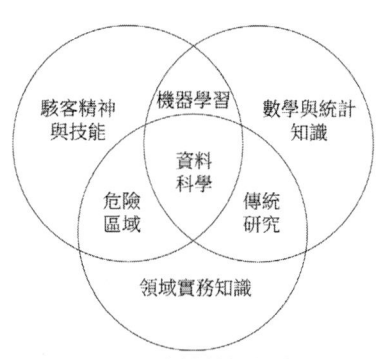

　　資料科學的知識體系主要涉及基礎理論知識、資料加工、資料計算、資料管理、資料分析和資料產品開發六大模組(朝樂門，2017)。在該知識體系中，資料科學的理論、概念、方法、技術、工具都圍繞著資料科學知識體系六大模組進行(見圖 2-2)。

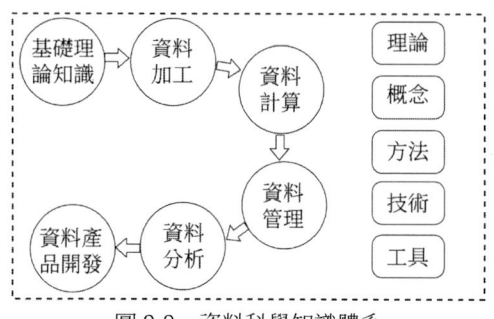

圖 2-2　資料科學知識體系

　　資料科學中常見的基礎理論知識有傳統科學、資料科學、統計學、數學、電腦、資料視覺化以及資料庫原理等。這些領域的知識，在資料處理、資料分析、資料計算等資料

第 2 章 資料科學的核心技術

科學管理步驟中,發揮理論基礎的作用,指導這些步驟的進行。比如,統計學領域的知識,包括資料集中趨勢、圖形顯示、機率抽樣方法、中央極限定理等,在資料採集階段,資料的機率抽樣方法,指導著資料的採集方式和手法;在資料處理階段,資料的圖形顯示、集中趨勢,又可以幫助使用者清楚地看出資料的形態和趨勢,幫助使用者提取資料的價值,挖掘資料背後的資訊。

在這套知識體系中,資料科學技術是一個很重要的組成部分,它奠定了資料科學發展的基礎,同時又是資料科學發展的動力。資料科學技術,就是能夠管理大規模的資料,並能從資料中高效能且快速地獲取有效資訊的技術,它是第四次工業革命中具有代表性的新技術。目前資料科學領域公認的資料科學技術,包括巨量資料管理的生命週期的整個過程,比如資料的採集、分析、計算、挖掘、應用等技術,涉及各式各樣的主流電腦技術(見圖 2-3)。

那麼用途豐富的資料科學技術,又有什麼特點呢?

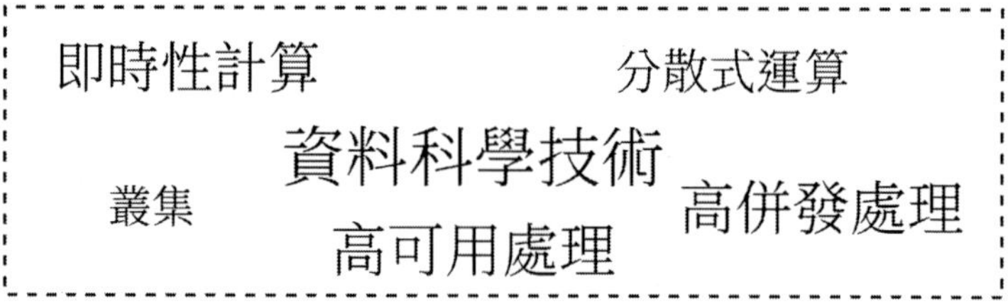

即時性計算　　　分散式運算
資料科學技術
叢集　　高可用處理　高併發處理

圖 2-3　巨量資料熱門技術

2.1 資料科學技術的全面概覽

(1) 能處理較大的資料量

麥肯錫對「巨量資料」的定義是：有別於傳統的資料庫，在資料的採集、獲取、處理、管理、分析等方面，都有獨特優越性的資料集合，具有 4V 特徵，即 Volume（規模大）、Velocity（流轉快）、Variety（類型多）和 Value（價值密度低）（Manyika，2011）（見圖 2-4）。其中，大規模的資料集常被定義為超過 10TB 的資料集合。

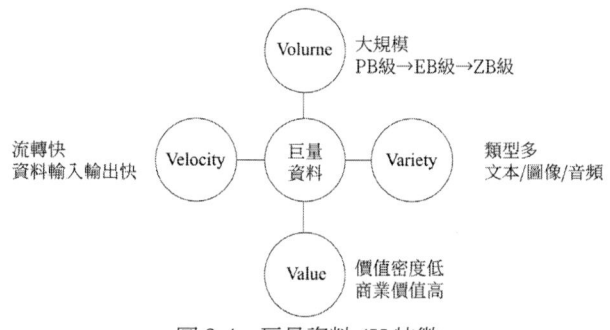

圖 2-4　巨量資料 4V 特徵

(2) 能夠處理各式各樣的資料

資料處理的對象不局限於簡單類型的數據，也有很多複雜類型的資料，常見的複雜類型資料有文字、圖形、聲音等資料 (潘濤，2016)。

(3) 資料科學的資料價值密度低，但價值很高

資料的密度高低與規模的大小成反比，資料科學中管理的資料規模較大，價值密度較低。當無法在有限的時間裡探

究資料背後的資訊內容時，可以透過資料科學的相關技術，比如資料探勘、資料分析等，快速且高效能地將資料資訊的深刻含義挖掘出來，並將其利用到決策最佳化或監控預警等用途中。

2.1.2 資料科學技術架構的演進

資料科學技術跟傳統的資料庫技術是有一定差別的，資料科學技術是在傳統資料庫學科分支（資料倉儲和資料探勘）的基礎上，融入新發展的資訊科技而發展起來的，兩者有許多不同，比如資料採集的方式不同、資料儲存的技術不同、資料分析的方法不同、資料處理的觀念不同。

資料科學技術由多個領域構成，它的發展演進是不同方面的技術逐步發展，最終形成完善的資料科學技術框架。資料科學技術的核心技術包括資料採集、資料儲存、資料處理。接下來簡單看一下核心技術的演進。

(1) 資料採集

首先，資料採集方式的質變，深深影響了巨量資料的產生。傳統的資料採集是以人工的方式採集資料，比如調查人員上街向民眾發放調查問卷，蒐集需要的資料資訊，這種方式最大的特點是手動輸入。人工採集資料在當時是僅有的資料採集方式，但在現在看來，人工採集資料的弊端很多：一

是採集的資料量太少，無法對需要研究的事物做出全面的了解；二是人工採集資料帶有一定的主觀性，容易導致資訊採集的準確度欠佳。

其次，目前資料採集的方式各式各樣，常見的有以下幾種：採集自有資料的爬蟲爬取、使用者留存或使用者上傳等方式；也有採集外部資料的網路資料共享和資料交易等方式（見圖 2-5）。這些資料採集的方式不需要透過人來手工蒐集，是智慧化方式，透過伺服器、電腦等設備和網路之間的埠或傳輸接口進行採集。

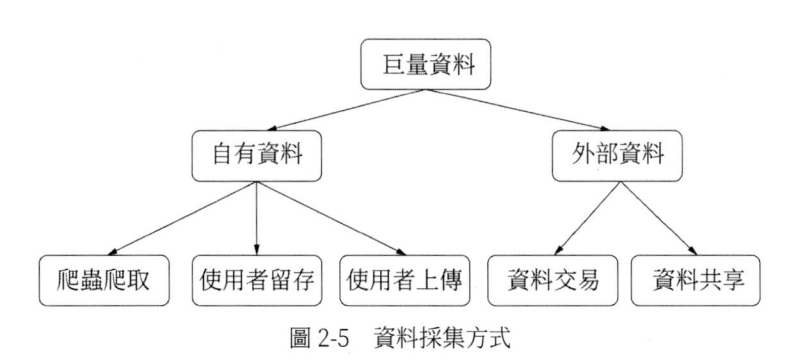

```
                    巨量資料
                   /        \
              自有資料      外部資料
             / |  \          /    \
       爬蟲爬取 使用者留存 使用者上傳  資料交易  資料共享
```

圖 2-5　資料採集方式

最後，現代化資料科學技術的資料採集類型各式各樣。傳統資料處理更加關心資料對象的資訊獲取，比如資料對象的描述、重要屬性等，而現今巨量資料技術採集的資料，包括各方面的資訊，不僅有關於研究對象的描述，還有對資料蒐集過程的紀錄，比如時間、地點等不是特別重要的屬性，這樣的資料紀錄，是一個過程。將整個過程的資訊記錄下

來，不僅可以了解對象，還可以分析對象，有助於挖掘使用者對象的深層次行為，發揮非表象資訊的價值。

(2) 資料儲存

最早的資料管理應是屬於人工管理階段的人工結繩記事（梅宏，2019）（見圖 2-6）。遠古時代的人類，為了記載一些重要的資訊，就會在繩子上繫大小不一、距離不同的結。這種資料記載方式，將重大事件和重要資訊記載下來，是遠古人類一種重要的資料管理方式。但這種資料管理方式的功能有限，不僅記載的資料量小，而且只能產生記錄和獲取資訊的作用。

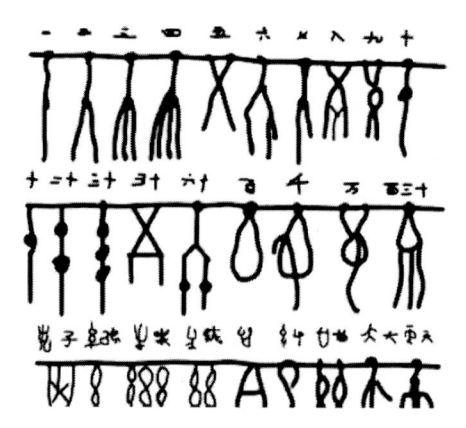

圖 2-6　人工結繩記事

後來的商朝出現了一種篆刻的文字 —— 甲骨文，這是在烏龜等動物的骨骼或器官上篆刻的文字，可以用來記載重要事件的資訊。使用甲骨文進行記事，跟結繩記事一樣，只能

用於少量資料的記載和獲取。

紙出現後,人類開始將資料資訊記錄在紙上,但在人工管理階段,這些資料資訊都是靠人工進行整理和保存的,使用起來很不方便,不便於查詢、保存、共享、分析等。

隨著電腦的誕生,人類的資料資訊儲存進入檔案系統階段,在這個階段,人們可以使用磁碟儲存資料,以數據檔案的形式將資料保存下來,這時候的資料技術已經可以將資料儲存量增加到一個可觀的程度。檔案系統管理,相對於人工管理來說,無論是從資料規模,還是從實用性來看,都方便很多。但是檔案系統有一個明顯的弊端,就是保存下來的資料資訊難以查詢,無法對資料進行利用,資料的價值被掩蓋在其中。

隨後出現的資料庫系統,為資料處理技術帶來很大的幫助。資料庫將資料分類儲存到不同的表中,讓使用者高效率、快速地查詢其中的資訊,然後使用者就可以對查詢到的資料進行處理。資料庫系統的出現,不僅將資料儲存規模進一步加大,還帶來了資料查詢的功能。

(3) 資料處理

在資料處理方面,資料科學技術隨著科技的發展,層層遞進地發生變化。為了應對傳統軟體無法處理、分析大量資料、挖掘資料資訊的困境,Google 首先拉開了資料現代化處

理的序幕。在 2003 年左右,Google 相繼推出了分散式檔案系統、分散式計算框架等構想,設想把資料的儲存和計算,分給大量的廉價電腦去執行,這奠定了巨量資料處理技術的基礎。隨後,Google 釋出了非關聯式資料庫 BigTable 的相關論文,推動了資料科學資料庫技術的進步。在這之後,Hadoop 分散式檔案系統 HDFS 和 MapReduce 框架出現,這是一個由分散式檔案系統和分散式計算框架組成的巨量資料技術生態,學者稱之為巨量資料的 1.0 時代(見圖 2-7)。其中,由臉書(Facebook)研發的 Hive,可以配合 HDFS 使用,方便查詢資料庫的資料。這時 MapReduce 框架在結構化資料的處理中,具備高效率、高效能的優點,作為主流框架使用。

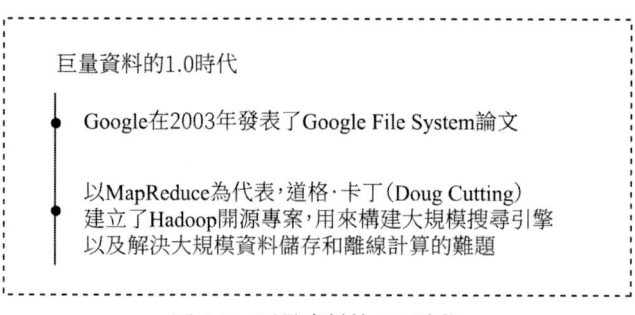

巨量資料的1.0時代
- Google在2003年發表了Google File System論文
- 以MapReduce為代表,道格・卡丁(Doug Cutting)建立了Hadoop開源專案,用來構建大規模搜尋引擎以及解決大規模資料儲存和離線計算的難題

圖 2-7 巨量資料的 1.0 時代

隨後,Spark 核心計算引擎誕生,這時記憶體硬體已經突破成本限制,意味著資料處理技術進入 2.0 時代。這時使用 Spark 進行記憶體執行的速度非常快,比當時執行速度已經很快的 MapReduce、Hadoop 還要快接近 100 倍。以 Spark 和

Flink 為代表的新計算引擎出現，並廣泛使用。在這個階段，三個資料科學技術領域發生了重大改變：

①巨量資料公司的資料業務開始轉化為價值密度更高的計算，以 Hadoop 為基礎，融合了分布資料庫，或者引進 SQL 作為上層引擎。從 2012 年開始，為了應對不斷出現的結構化資料的處理難題，出現了 Impala、Spark SQL 等 SQL 引擎。

②從 2015 年開始，為了應對即時資料的處理問題，許多開源技術出現，比如 Beam、Spark Streaming 等。同時為了提供更多的產品功能和資料安全功能，流量計算引擎 Slipstream 開始商業化發展之路。

③隨著電腦技術的發展，非結構化資料處理相關技術慢慢出現，比如非結構化文件資料處理、圖分析技術等。

如今，完整的資料科學技術可以分為七個領域：基礎技術、資料採集、資料傳輸、資料儲存、資料處理、資料應用和資料治理。其中，資料採集、資料傳輸、資料儲存、資料處理、資料應用涵蓋資料集處理的整個過程，一步步將複雜、「無用」的資料，轉變成有價值的資訊。基礎技術和資料治理領域的技術，則對這個過程的資料處理進行補充完善，使資料處理能夠順利、高效能地進行。

2.2 資料科學技術的主要領域簡介

2.2.1 資料採集

在巨量資料生命週期中,第一個必經的步驟是資料採集。採集的資料可以分為三種類型(見圖 2-8),這些是較具規範的資料類型,其中非結構化資料的產生,是資料採集技術進步的瓶頸,常見的非結構化資料有音訊、圖片等,這是資料採集的一個重要的改革點。

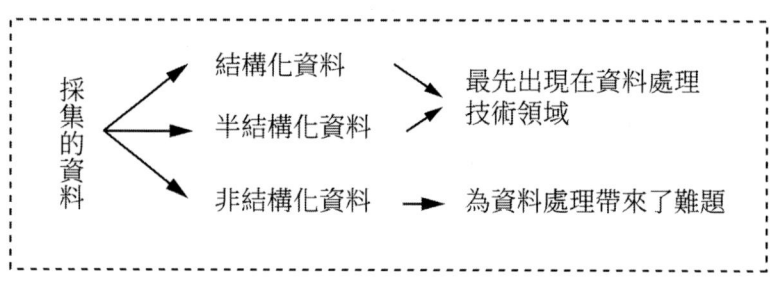

```
                  結構化資料  ↘
採集的資料  →  半結構化資料  →  最先出現在資料處理技術領域
                  非結構化資料  →  為資料處理帶來了難題
```

圖 2-8　採集的資料類型

最常見的資料類型是結構化資料和非結構化資料。結構化資料是可以採用二維表的形式,在表中進行邏輯表達和實現的資料。這些二維表大部分是在關聯式資料庫中進行管理,有嚴格的資料格式和長度規範要求。與之相反,非結構化資料的儲存不適用二維表,可以使用不同的機制進行資料項的管理,比如變長欄位、多值欄位等。非結構化資料類型

各式各樣,比如辦公文件、HTML、圖片、影片等,非結構化資料經常被用於文字檢索領域。

目前資料採集技術,常見的有幾種(見圖 2-9)。

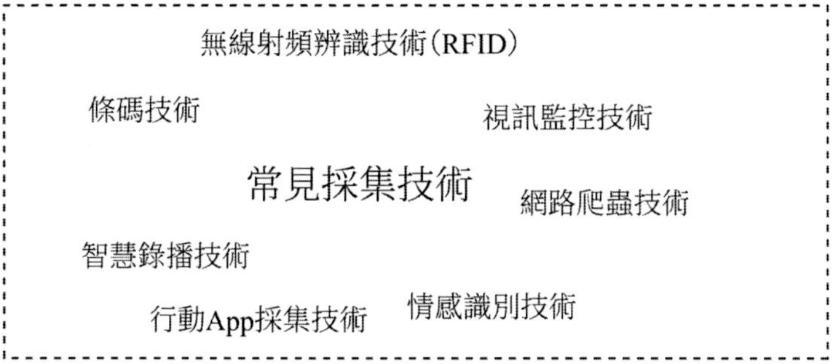

```
常見採集技術
  無線射頻辨識技術(RFID)
  條碼技術    視訊監控技術
            網路爬蟲技術
  智慧錄播技術
  行動App採集技術  情感識別技術
```

圖 2-9　常見的資料採集技術

網路資料採集在網路公司中是一種主流的資料採集方式,系統日誌採集也是一種存在於很多網路企業的採集方式,此外,在工業中,公司常用聯網的設備進行資料採集。

系統日誌採集使用企業內電腦或聯網設備的系統日誌資料,對資料進行採集,比如電腦的資料庫、電腦內軟體的處理狀態、伺服器的儲存資訊等。這些系統日誌,一般記載著電腦使用過程中產生的各種問題,可以透過日誌,來找到問題發生的原因。另外,有一種資料是資料平臺中累積的資料資訊,這種資料常見為串流資料。目前系統日誌的事件追蹤(event tracking)多為前端的瀏覽器打點、客戶端事件追蹤,也有後端事件追蹤、無線客戶端事件追蹤等。資料採集框

架有：基於 Hadoop 的開源資料蒐集系統 Chukwa、分散式非開源機器資料平臺 Splunk Forwarder、高擴展資料採集系統 Apache Flume、可插拔架構 Fluentd、管理日誌平臺 Logstash 等。

網路資料採集可以簡單理解為從網路中將需要的資訊採集下來，分為手工和自動。常見的是使用網路搜尋引擎技術，比如可以透過爬蟲或公開應用程式接口（Application Programming Interface，API）技術採集，這個過程是有針對性的，能精準地篩選需要採集的資料，採集後的資料並不是混亂的，而是按照要求進行分類匯總的，最終資料將保存到資料庫中。資料的類型包括文字、圖片和影片等。採用網路資料採集技術蒐集資料，可以大大降低在資料採集階段產生的人工成本，提高效率。常用的爬蟲技術有 Nutch、Heritrix、Scrapy、WebCollector。

設備資料採集在工業中很常見，首先與物理設備進行連線，常見的如感測器、探針等（見圖 2-10），然後從這些待測設備中獲取相關的訊號，比如電量、儲存量等，獲取的資訊將會傳輸到上位機中，再經過一系列的資料操作，就可以得到設備工作的資料資訊，這是一種智慧化的資料採集方式。

2.2.2 資料傳輸

資料傳輸是資料管理系統中很重要的一個部分,它指的是透過一條條資料連結,將資料從一端傳到另一端的過程,這個過程實現了兩個資料端之間的資訊交換,就像人體各個部位之間用於傳輸訊息的神經,使得對資料精準度要求極高的應用,能即時、高效能地獲取資料來源中資料變化的資訊,完成建構或更新處理,確保了傳輸過程的可靠性。資料傳輸主要包含以下技術。

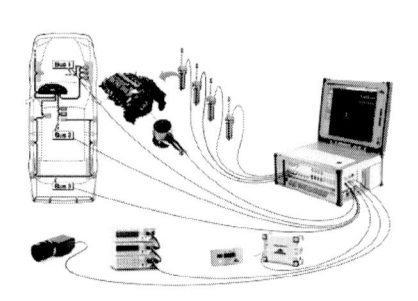

圖 2-10　設備資料採集

(1)訊息佇列

佇列是一種資料結構,以先進先出的形式存在。訊息佇列可以簡單理解為:把需要傳輸的資訊放在佇列中。涉及大規模分散式系統時,訊息佇列就作為中介軟體產品被廣泛使用,它可以解決應用耦合問題,以及日誌蒐集、非同步訊息等問題,採用訊息佇列,可以保證資料處理的架構具備高效能、最終一致性等優秀特性。

(2) 資料同步

一般意義上的資料同步，即同時執行同樣的資料操作，可以理解成不同的儲存設備、終端與伺服器之間的備份操作。在網路企業中，ODS（Operational Data Store）資料是指未經業務加工處理的原始層資料，如何將 ODS 資料從採集匯入建模中的資料倉儲中，且能高效能、準確地與資料倉儲進行同步，是一個重要的環節。

(3) 資料訂閱

資料訂閱是指獲取 RDS（Relational Database Service）/DRDS（Distribute Relational Database Service）的即時增量資料的過程，使用者根據自己的業務要求來設定需要的資料。當業務的資料來源不斷發生變化時，變化的過程需要資料訂閱即時捕捉，並結合分發系統，快速將變化傳給需要接入資料變化的下級資料來源，這些資料不是混雜的變化資料，而是嚴格的、有統一標準的資料變化資訊。資料訂閱常用於以下場景：資料庫映像、快取更新策略、即時備份等。

(4) 序列化

序列化指的是將資料結構或對象的狀態資訊轉換成一定的形式，這個形式的資料可以儲存在檔案、記憶體或傳輸給其他端，序列化後的對象在傳輸通訊流中具備一定的高效能

性。反序列化與序列化相反,它指的是將序列化的資料經過提取和轉變,轉換為原來的樣子。二者通常用於資料的交換與傳輸,常用於 XML-RPC、EJB、Web Service 等遠端呼叫技術。資料傳輸的效能高低會受到序列化的效能大小的影響。

2.2.3 資料儲存

資料經過傳輸後,到達各個應用端,資料將被儲存下來,或者進行處理。通常巨量資料儲存是指對巨量資料的儲存,這裡說的資料,可以分成異構資料、結構化資料或非結構化資料。傳統的資料儲存,往往偏向於使用關聯式資料庫進行儲存的結構化資料。巨量資料儲存技術可以解決這些巨大規模資料的儲存問題,且能透過最佳化技術和最佳化基礎的儲存設施,提高對儲存資料的訪問能力,為資料的進一步分析、處理,提供技術支援。根據伺服器類型,可以將資料儲存分為封閉系統的儲存和開放系統的儲存(見圖 2-11)。

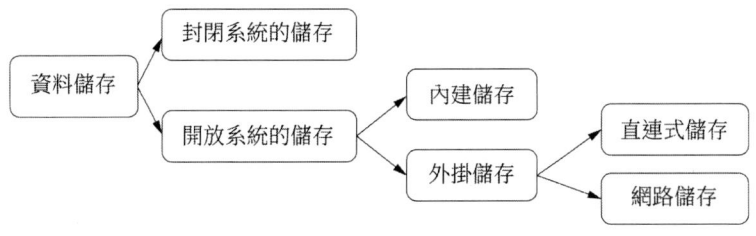

圖 2-11　按伺服器類型分類的資料儲存方式

封閉系統的儲存主要指運用大型機進行的儲存。開放系統的儲存指的是透過安全遠端密碼協議（Secure Remote Password Protocol，SRP），採用高速的無線寬頻（infiniband）網路，將多套電腦伺服器連線和組裝起來，變成一個系統。這個系統提升了資料庫儲存的穩定性和效能，具備一定的擴展性。封閉系統與之不同，常見於大型伺服器，如 AS400 和大型機等。開放系統具備高效能、實用的優點，目前在磁碟儲存市場，外掛儲存有很大的占有率，絕大部分使用者都採用高效能的開放儲存系統，占有率高達 70%。

儲存資料的資料庫可以分為關聯式資料庫和非關聯式資料庫（見圖 2-12）。

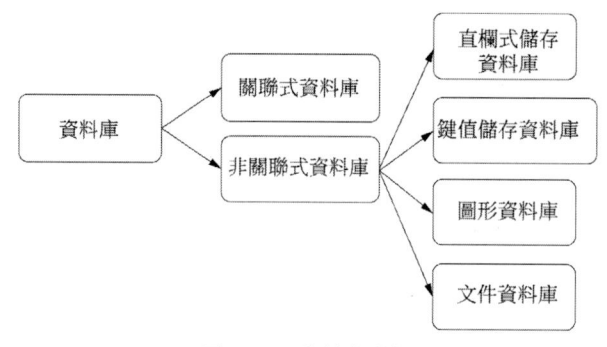

圖 2-12　資料庫分類

關聯式資料庫裡的資料是簡單的二後設資料，即二維表格形式（見圖 2-13），這是將複雜資料簡單化後再進行儲存。採用關聯式資料庫，可以實現資料關聯表之間的所有操作，

比如表的拆分、合併、連結、獲取等，這些對資料關聯表的操作，可以完成對資料的處理和管理。目前市場上主流的關聯式資料庫產品，是對資料庫和資料庫中的資料進行管理的產品，主要有 SQL Server、DB2、Sybase、Access、Oracle、MySQL 等。

學號	姓名	班級	科系
2017040124	張笑	01	資訊系統
2017040123	王迪	02	工程技術
2017040122	劉柱	03	土木工程

欄位(行)
記錄(列)

圖 2-13　關聯式資料庫中的二維表格

非關聯式資料庫捨棄了資料庫的關聯式特性，採用的是結構化方法，且是這類方法的集合，它是相對關聯式資料庫而言的一種資料庫。在之前的巨量資料處理中，多重資料的集合經常會帶來難擴展的問題，而非關聯式資料庫可以解決這類問題。目前主流的非關聯式資料庫有鍵-值儲存資料庫 Redis、MongoDB、HBase，圖形資料庫 Neo4j 等，可以用 No-SQL（Not Only SQL）來指非關聯式資料庫。非關聯式資料庫又可以分為以下幾種（見圖 2-14）。

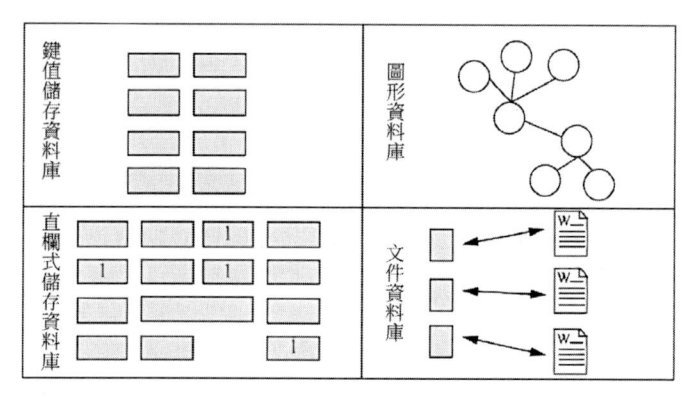

圖 2-14　非關聯式資料庫分類

　　鍵 - 值資料庫：這種資料庫可以透過一個雜湊表，使用鍵、指標來定位資料，透過鍵來增、刪、改、查資料庫，這種方法容易對資料集合進行部署，高效能地管理和處理資料，同時具備高併發的優點，目前主流的鍵 - 值儲存資料庫有 Memcached、Aerospike、LevelDB、Redis、MemcacheDB、Tair。

　　直欄式儲存：在這種類型的資料庫中，資料是儲存於欄中，簡單解釋就是關聯查詢緊密的資料，比如對一個人，可能經常會查詢這個人的姓名和聯絡方式，而非興趣、愛好，在這種情況下，可以將姓名和聯絡方式放在一個欄中，方便查詢。這種資料庫常常出現在即時查詢資料的程式中，在批次資料的管理技術中也會出現。類似地，也有按列的形式儲存的列式儲存資料庫，在列式儲存資料庫中，儲存空間的分

發是一列一列的。在資料規模較大或業務型連線電腦的資料處理中，會使用這種資料庫。目前較先進且完善的直欄式儲存資料庫，有即時分析資料庫 Druid、高效能資料庫 Apache Cassandra、開源資料庫 HBase、高速查詢資料庫 Kudu、可伸縮資料庫 Hypertable。

圖形資料庫：從專業上來看，這是一種基於圖的資料庫，這裡說的圖，是一種實體、實體與實體之間關係的展現，在圖形理論中指的是儲存實體與實體之間的關係。其中，實體作為頂點，實體之間的關係作為邊，以實體（頂點）和關係（邊）來展現資料資訊。日常生活中，人與人之間關係的資訊集合，就可以用圖形資料庫來描述，它可以高效能的解決複雜度較高的問題。主流的圖形資料庫有 Titan、AllegroGraph、ArangoDB、Neo4j、Infor-Grid、OrientDB、MapGraph。

文件資料庫：與鍵 - 值資料庫稍微有點差別，文件資料庫有很多資料單元，這些資料單元是自含（自足）的，可以規定的形式進行存放管理。使用者可以建立索引並查詢相關的資料，這是版本化的文件資料模型，在查詢資料方面，具備一定的高效能性。目前常見的文件資料庫有 CouchDB、OrientDB、MongoDB、MarkLogic。

2.2.4 資料處理

資料處理是資料怎麼用的問題，這是資料科學管理過程中很重要的一個環節。傳統的資料處理是單一的，比如智慧分析、針對特定資料庫的資料探勘、統計分析等，這些資料處理方法已經不適用於當前的業務要求。目前常用的資料處理方式，主要有分散式資料庫、資料探勘分析技術、集中與雲端運算等。對於高維資料來說，資料處理分析有兩個主要目的：一是透過發展有效的方法，能夠準確地預測未來的觀測結果；二是科學地深入了解特徵和響應之間的關係（Fan，2014）。巨量資料處理包括資料預處理、資料分析、資料計算等多個部分。

(1) 資料預處理

在主要的業務資料處理之前，可以透過資料預處理，對資料進行操作，目前，業內資料分析方面的方法有資料淨化、資料整合、資料轉換、資料歸約等，經過處理後的資料完整性較高，為資料的分析、挖掘、處理、訂閱、計算等，提供規則化的資料。目前資料預處理的步驟，如圖 2-15 所示。

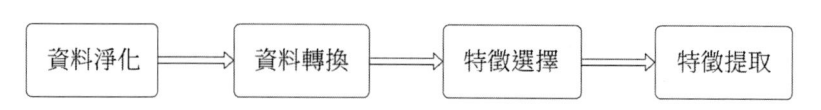

資料淨化 → 資料轉換 → 特徵選擇 → 特徵提取

圖 2-15　資料預處理的步驟

首先，對原始資料集進行資料淨化，比如處理屬性的缺失值、離群值等，根據實際情況和研究的需求，對這些值進行補充或刪除的處理。比如在個人身高調查資料出現不符合實際的身高值 300cm 時，可以根據實際需求，以身高平均值等填充，或刪除這條身高資訊紀錄。其次，根據算法建模要求，對資料進行資料轉換，比如機器學習演算法中用到的數值型資料，就需要對非數值型資料進行格式轉換，以便後面的資料分析挖掘可以高品質進行。

　　對於所要研究的內容來說，有時不需要全盤接受資料的所有特徵，有的特徵對研究結果的影響較大，有的特徵對結果的影響較小。為了方便分析，盡可能選擇對研究結果影響較大的特徵，這就是特徵選擇的結果。

　　與特徵選擇類似的一種方法是特徵提取，特徵提取是希望能夠用較低的維數來表示資料的資訊，因此，特徵提取對現有的特徵進行綜合，然後對其進行降維，得到盡可能代表大部分資料資訊的低維特徵。線性判別分析（Linear Discriminant Analysis，LDA）和 PCA 是常用的特徵提取方法。

(2) 資料分析

　　資料的採集主要就是為了透過資料分析來提取重要的資料資訊，資料分析即透過一些統計分析方法，將預處理過的資料進行處理、分析、挖掘、消化，以開發資料的潛在價

值,提取有用的資訊。簡單的資料分析是觀察資料的結果,從資料的表面獲取需要的資訊,比如對比分析、象限分析、交叉分析等。目前,業內主流的分析方法有邏輯樹法、PEST(Political、Economic、Social、Technological)法、多元度分析法、相關分析法等,通常用在商業資料的分析上。

複雜的資料分析,稱作資料探勘,是指透過資料的表面,從資料學習集中發現潛在的規則,提煉出有價值的資訊和知識的過程,並可以運用這些規則,對未來進行預測,具有一定的規律性。資料探勘的對象可以是結構化資料,也可以是影像、文字等非結構化資料。

根據機器的學習方式來分,資料探勘可以分為有監督學習、半監督學習、無監督學習。有監督學習是指在擁有既定標記的情況下,透過對訓練樣本的訓練,得到一個符合規律的訓練模型,然後將輸入對應到相應的輸出,透過對訓練模型的輸出和訓練樣本的符合性進行判斷,來實現預測新的例項和分類的目的。為了實現建模的準確性,樣本資料會被標籤化,即被一一標注相關資訊。比如在小時候,當你看到動物的圖像,被告知這是豬、那是牛,腦中對動物的認知模型就會逐漸建立起來,以後遇到豬和牛時,你就可以做出判斷了。

常見的有監督學習演算法有以下幾種:

① 分類演算法

為了對新的資料集進行劃分，需要對資料集進行分類。這裡用作分類的資料集，可以分為特徵向量和對應的標籤向量，特徵向量用 X 來指代，對應的標籤向量用 Y 來指代。使用樣本資料集進行訓練，得到一個分類器，然後就可以對未知的樣本進行分類，最終得到離散的結果。常見的分類演算法有邏輯迴歸、支援向量機、單純貝氏分類、決策樹、K- 近鄰、關聯規則、神經網路。

② 迴歸演算法。

迴歸的對映模式是具有嚴格性的，在給出一堆自變數 X 和應變數 Y 後，運用工具來擬合出一個函數，其中有作為特徵向量的 X 與作為標籤向量的 Y，Y 是連續可變的標籤值。常見的迴歸演算法有線性迴歸（見圖 2-16）、KNN 迴歸、時間序列迴歸、隨機森林迴歸。

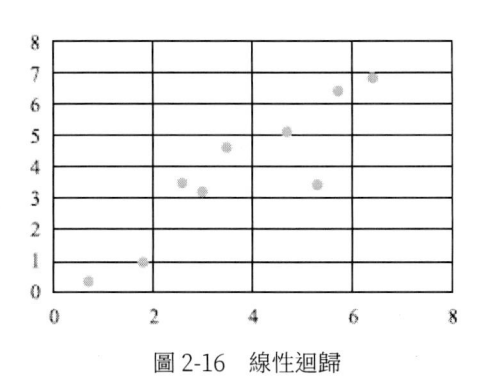

圖 2-16　線性迴歸

半監督學習裡所採用的樣本資料,並不都是有標記的資料,用作訓練的資料集稱為樣本資料,包括有標記的和無標記的。機器利用這些混合樣本進行訓練,就可以達到預測分類的目的。這種學習的優點在於不需要透過外界的互動來獲取很多標記,而是透過少量的人工干預,來驅動學習機器,可以減少人的工作量,提高學習機器的效能。常見的半監督學習演算法有半監督分類、半監督迴歸、半監督聚類、半監督降維。

無監督學習是指訓練例項都是沒有經過事先標記的,即沒有標注,機器要自動建立模型,從而對輸入的資料進行分類或分群,解決模式辨識中的問題。無監督學習透過主動探索對象來實現未知的發現,大大降低人工標記的成本,但也捨棄了一定的準確度。在無監督學習中,常用的演算法有聚類、部分統計分析和關聯規則分析。

除以上三種類型的機器學習外,強化學習作為新型的、與問題環境不斷互動學習的方法,受到越來越多的關注。強化學習透過不斷採集回饋的資料,使用資訊進行學習,透過這種學習方法,可以將決策一步步趨向最佳化。常見的強化學習方法有控制論、資訊理論、博弈論、模擬智慧。

(3) 資料計算

資料計算有各式各樣的模式，學者給出未來巨量資料管理系統資料計算的特點：未來的巨量資料管理系統具有多計算模式並存的特點，目前，Hadoop、Spark 以及 Flink 等主流的巨量資料系統，具有不同的計算模式，系統通常會偏重於批次任務模式或流式任務模式中的一種。為了應對各式各樣的業務資料需求，資料計算可以高效能地多節點進行計算，它採用分片計算技術，分散式對資料進行處理，主要包括圖計算、流式計算等。這裡簡單介紹一下圖計算和流式計算。

圖計算在實際應用中是很常見的一種計算類型，比如病毒的傳染路徑、社群網路等圖或非圖資料，這些資料無法使用常規的資料計算進行處理和分析，需要轉換成圖的模型。當圖形資料已經達到一個很大的規模時，單機失去了效用，只能採用並行資料庫處理，這是由大量的機器設備叢集而成的資料庫。目前在圖計算領域常用的框架有 Spark GraphX、Pregel、PowerGrah、GraphChi。

流式計算是指對不斷成長的資料集進行即時處理的計算過程。流指的是像流水一樣，流水是源源不斷、無限成長的。流式計算是一種低延遲的計算方式，資料流並不會儲存下來，但也不會直接計算，因此並不完全等於即時計算。資料流會經過記憶體，由記憶體處理計算，這個計算是即時

的，而且更加強調計算資料流（見圖 2-17）。為了應對即時巨量資料，目前有一種基於流立方的增量資料處理技術，這種技術可以高效能、迅速處理即時資料，將即時資料的價值最大化 (Zhengetal., 2019)。常見的流式計算框架有開源流處理框架 Apache Flink、分散式流計算平臺 Yahoo!S4、高資料攝取率框架 Storm、分散式流處理框架 Apache Samza 等。

2.2.5 資料應用

巨量資料應用是巨量資料生命週期中的末尾環節，也是其中最重要的環節之一，它將資料處理的結果展示給使用者，以實現資料分析挖掘的真正價值。隨著巨量資料技術越來越成熟，巨量資料應用行業的門檻逐漸降低。經常可以看到衣食住行各方面都存在巨量資料應用，特別是資料技術的高即時性，帶給網路行業很多創新的可能。這些應用可以精準化地提供服務，幫助使用者從資料中獲取真正有用的價值。同時，對企業來說，資料科學技術的應用，能幫助企業做好策略管理，科學地分析企業的執行狀態，提高企業的市場競爭力。巨量資料應用方面的技術，主要有資料視覺化、資料產品、資料共享、資料預警。

2.2 資料科學技術的主要領域簡介

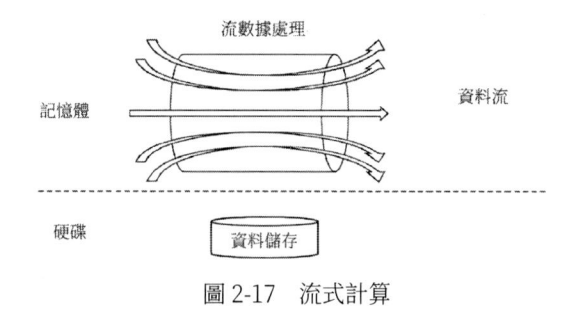

圖 2-17 流式計算

(1) 資料視覺化

使用資料視覺化傳遞資訊，可以理解為使用一種更容易被人們所理解的方式傳達資料，比如資料圖形化。相關的研究證明，在大腦中，超過 50％的功能會被用在視覺的管理應用上。因此，相比枯燥乏味的文字說明，採用圖形化方式來傳遞資訊，比其他方法更科學、更有效。資料視覺化能讓使用者清楚地獲取最終的數據資料，使溝通變得更具效能，可以增加資料傳達的效率。比如家具公司透過匯總不同空間的家具銷售總金額，得到清楚的總金額比例圖，這些資訊可以幫助家具公司做出更好的製造和銷售決策(羅欣，2019)（見圖 2-18）。

根據資料的動態變化，可以將資料視覺化分為即時更新的資料視覺化、快取更新的資料視覺化。根據視覺化的工具，又可以將資料視覺化分為統計方法實現的資料視覺化、互動系統實現的資料視覺化、程式語言實現的資料視覺化。

常見的視覺化工具有 Gephi、Excel、Google Chart API、sigma.js、Echarts、Tableau、Power BI。

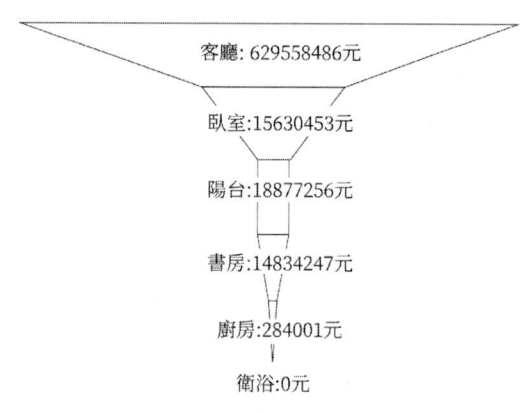

```
客廳: 629558486元
臥室:15630453元
陽台:18877256元
書房:14834247元
廚房:284001元
衛浴:0元
```

圖 2-18　不同空間家具銷售總額

(2) 資料產品

　　資料產品指的是智慧化的資料產品，透過與使用對象進行個性化的互動來獲取使用者的回饋，記錄回饋並運用到服務上，形成良性的封閉循環（見圖 2-19）。使用這種資料產品時，使用者會擁有良好的使用者體驗。因為服務可以是個性化的，它是不斷回饋、不斷完善的，所以可以滿足使用者日漸增加的服務需求。常見的資料產品有搜尋系統、購物系統等。經常接觸的就是某購物網站的搜尋推薦功能，當使用者在搜尋平臺上搜尋或下單，發出希望得到某樣商品的訊號時，這種訊號就會回饋給系統，系統在運用資料探勘等演算法，對該使用者進行使用者畫像，分析出使用者喜好後，再

將相應的商品推薦給使用者。這種針對不同使用者的精準商品推薦模式,可以大大提高使用者找到滿意商品的機率,也促進商品高成交量的產生。

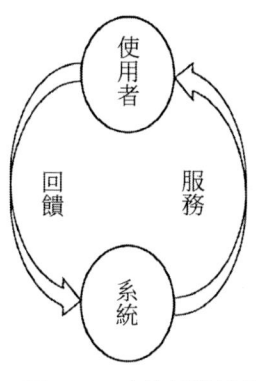

圖 2-19　良性封閉循環

(3) 資料共享

資料科學技術發展日益迅速,各行各業都開始資訊資料化,資料資訊漸漸成為一項通用的數位資源,資料資訊的價值不應該局限於某一領域、某一企業。資料資訊是整個社會的數位資源,具備與人才資源、資金流量同樣的社會服務功能。目前主流的資料共享定義為:所處位置不同的電腦、使用者、軟體,能夠讀取其他端的資訊資料,且利用這些資料進行處理、分析的過程。按照使用需求,可以將資料共享分為前臺共享和後臺共享。目前常見的資料共享模型為基於 HBase 的資料共享模型(見圖 2-20),其中 HBase 作為資訊中

介平臺，資料庫的資料流透過網路環境與多個資料源進行資訊交換，多個資料庫共享資訊的變化和資料資訊的內容。

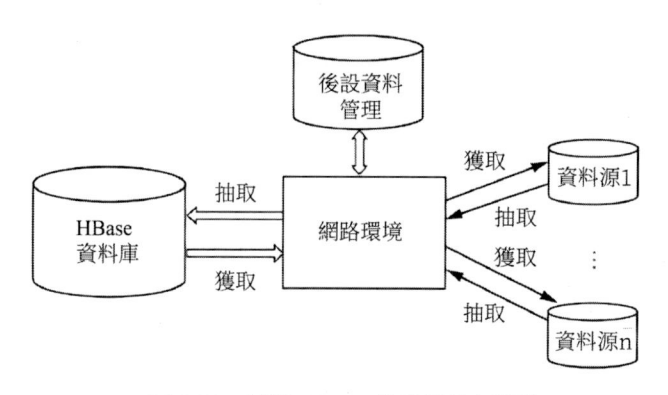

圖 2-20　基於 HBase 的資料共享模型

(4) 資料預警

資料預警指的是對觀察對象的正常情況的監控。正常情況下，觀察對象都會處在一個合適的波動範圍，但在特殊時期，觀察對象會超出這個範圍，出現異常情況，在設定了資料預警之後，機器就會提醒這種異常情況的發生，協助執行某些行動，來糾正觀察對象的行為，恢復正常情況。預警通常可以分為統計預警、流式預警以及混合預警三種。

這些技術最後都被應用到具體的領域中，比如日常生活的教育領域，科學研究中的能源、科技領域，網路上的金融、電子事務領域，工業上的製造領域等。高效能的資料科學技術，挖掘了這些領域資料的潛在價值，幫助使用者做出

理性化的最佳決策。比如，在工業製造領域，資料科學技術常被稱為「大數據的工業物聯網」，電腦遠端監控設備的執行，一方面，將設備產生的資料儲存下來，輔助生產活動和業務交接；另一方面，監控的功能使得使用者對機器設備的執行狀態有一定的掌控，能夠知道設備什麼時候發生故障、發生故障的頻率和嚴重程度，然後進行處理和改進，最終達到最佳化生產的目的。

2.2.6　基礎技術

資料科學技術不是憑空產生的，而是在漫長發展的歷程中，融合其他領域的技術發展，不斷更新技術，以達到大規模的資料處理目的。這些基礎技術也許無法在巨量資料的生命週期中直接展現，但它們奠定了巨量資料處理的基礎，在資料科學技術的發展中功不可沒。

(1) 資料分區路由

為了降低資料突增帶來的伺服器壓力，解決系統的低可用和高成本問題，採用垂直擴展的技術，開發了分散式系統，繼而帶來了資料分區。資料分區狹義上是指資料儲存系統將資料區塊進行分割、切片，然後分布在多個伺服器中。資料分區也可以理解為在不同的伺服器上進行路由請求，從而進行資料的計算處理。

(2) 資料複製

為了提升資料系統的可靠性,需要資料複製技術來保持資料在各端的一致性。複製指的是資訊複製的功能,資料複製就是將資料資訊進行複製,從一個資料端同步或非同步複製到另一個接收端。資料複製技術可以分為同步、非同步複製。

(3) 資料結構

在電腦中,資料儲存、資料組織、資料元素間的關係集合等,都涉及資料結構這個概念。不同的資料結構,會為後續的操作帶來不同的效果。一般對儲存系統來說,會更具效能;對執行系統來說,合適的資料結構能提高執行的功效。不同的技術對資料結構有不同程度的要求,比如檢索演算法和索引技術的要求會更高一些,因為它們對效率要求較高。

2.2.7 資料治理

國際資料管理協會(DAMA)對資料治理給出定義:資料治理是對資料資源管理行使權力和控制的活動集合,簡單來說,資料治理是一整套貫穿組織行為的整個過程的管理行為,資料治理的主要對象是資料,有別於其他的管理行為。

資料治理能夠有效強化組織的管理工作,提高組織執行的效率。資料治理技術大體上可以分為主資料管理、巨量資

料架構管理、資料安全、資料品質、後設資料管理、資料應用治理、資料評估七個方面（見圖 2-21）。

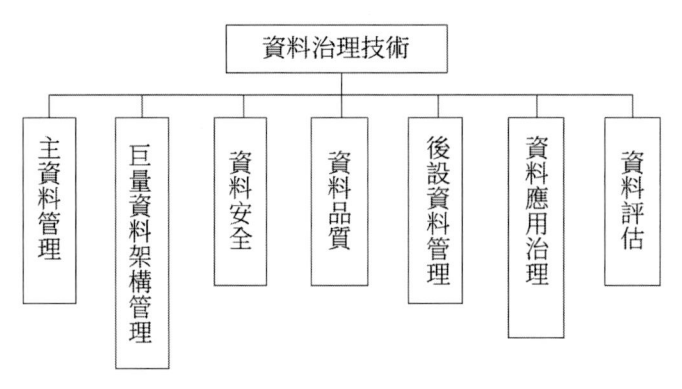

圖 2-21 資料治理技術的七個方面

①主資料管理是一組技術方案，這組方案服務於應用程式、使用者、資料倉儲等的利益相關方，能夠建立並維護業務資料，同時保證資料一定的可靠程度。

②巨量資料架構管理是巨量資料解決方案的藍圖，是獲取並處理大規模資料的總體系統。運用巨量資料架構管理，可以降低公司的管理成本，同時，能輔助管理人員做出最佳決策。

③國際標準化組織（ISO）對資料系統安全的定義是：資料系統安全是為資料處理系統建立和採取的技術和管理的安全保護，保護電腦硬體、軟體資料不因偶然和惡意而遭到破壞、更改和洩漏。可以簡單理解為：使用者建立並維護安全

的電腦防護網來保護資料，提高資料的可靠性、可用性、保密性等。對資料安全系統進行整體的設計分析，可以分為以下五個方面，即採集資料層面、歷史資料儲存層面、分析資料層面、安全分析實踐層面、結果展示層面(盧偉，2019)。

④資料品質指的是在不同的業務環境下，採用的資料來源應該是高品質的，能夠滿足資料處理分析的需求，同時也能符合使用者的業務需求。完整的資料品質管制週期是計劃、獲取、儲存、共享、維護、應用、消亡，對其中的每個階段都進行辨識、處理、監控，以保證資料的高品質，幫助企業獲取更高的利潤。資料品質管制涉及的技術有資料庫表的設計、資料來源的資料品質控制、資料採集、資料傳輸、資料儲存、資料裝載。

⑤後設資料管理是一個很廣泛的概念，包括資料實體、元素的定義，業務詞彙表、業務規則、資料特徵的發展等內容，在主資料管理和資料治理項目中不可或缺。

⑥資料應用治理即針對巨量資料應用的管理，包括巨量資料應用生命週期的所有階段的管理，特別是其中負責資料的部分。

⑦資料評估，也可以稱為資料品質評估。為了提高資料的有效程度和可靠性，需要對資料的採集、儲存、分析、結果進行全面的評估。評估從資料綜合應用的角度出發，對最

佳決策的制定有很大的幫助。比如召開一場培訓會議，帶動新員工的積極度，不同的培訓方法會帶來不同的培訓效果，這時，可以透過蒐集主觀評價和客觀的測驗資料來衡量不同培訓方法的效果。

2.3　本章總結

　　本章闡述了資料科學的基礎知識。首先，對資料科學技術做了簡單的介紹，目前廣義的資料科學技術包括對巨量資料進行採集、儲存、計算、分析、挖掘等的技術。其次，將資料科學技術的知識體系細分為七大領域，分別是基礎技術、資料採集、資料傳輸、資料儲存、資料處理、資料應用、資料治理，並在第二節進行了具體的介紹。此外，本章對資料科學技術的特點進行了分析，主要有三個特點，分別是能處理較大的資料量、能處理不同類型的資料、資料科學技術的應用具有密度低和價值高的特點。最後，本章對資料科學技術架構的演進進行了探索，分別從資料採集、資料儲存、資料處理這三個角度進行分析，從最早的基礎技術，一步步發展到具有完備功能的專業化的技術體系。

　　本章透過對資料科學技術進行簡單的整理，解釋、說明了資料科學技術並不是一門獨立的學科，它是由各個領域的

技術知識體系共同建構起來的，涉及電腦、硬體設備、電子通訊等各方面的技術知識。此外，資料科學技術並不是憑空產生的，也不是突然興起的，它在出現資料資訊的那一刻就已經存在了。隨著資料量的累積和科學技術的發展，數據資訊背後的價值慢慢被挖掘出來，實現真正的資料科學。透過對資料科學的簡單整理，希望讀者能了解資料科學的演進、熟悉資料科學技術的各個分支，在學習資料科學的時候，可以有全面的掌握，同時也可以進行有針對性的學習。

參考文獻

[01] 朝樂門，邢春曉，張勇. 資料科學研究的現狀與趨勢 [J]. 電腦科學，2018，45(1)：1-13.

[02] 朝樂門. 資料科學理論與實踐 [M]. 北京：清華大學出版社，2017.

[03] 杜小勇，盧衛，張峰. 大數據管理系統的歷史、現狀與未來 [J]. 軟體學報，2019(1)：127-141.

[04] 梅宏. 大數據發展現狀與未來趨勢 [J]. 交通運輸研究，2019(5)：1-11.

[05] 潘濤. 淺談大數據技術在電子政務領域的應用 [J]. 科技展望，2016(30)：13.

[06]　羅欣,周橙旻. 基於數據視覺化技術的電商平臺家具市場分析 [J]. 家具,2019(6):40-44.

[07]　FAN, J. , HAN, F. , LIU, H. Challenges of big data analysis. National Sci- ence Review,2014(2):293-314.

[08]　MANYIKA, J. Big data:The next frontier for innovation, competition, and productivity,2011.

[09]　ZHENG, T. , et al. Real-time intelligent big data processing:technology, platform, and applications. Science China,2019,62(8):12.3.1

第 2 章 資料科學的核心技術

第 3 章
資料科學的方法論

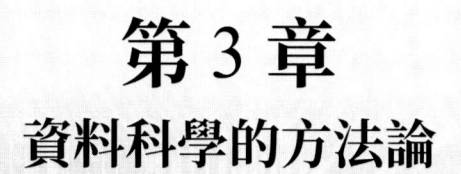

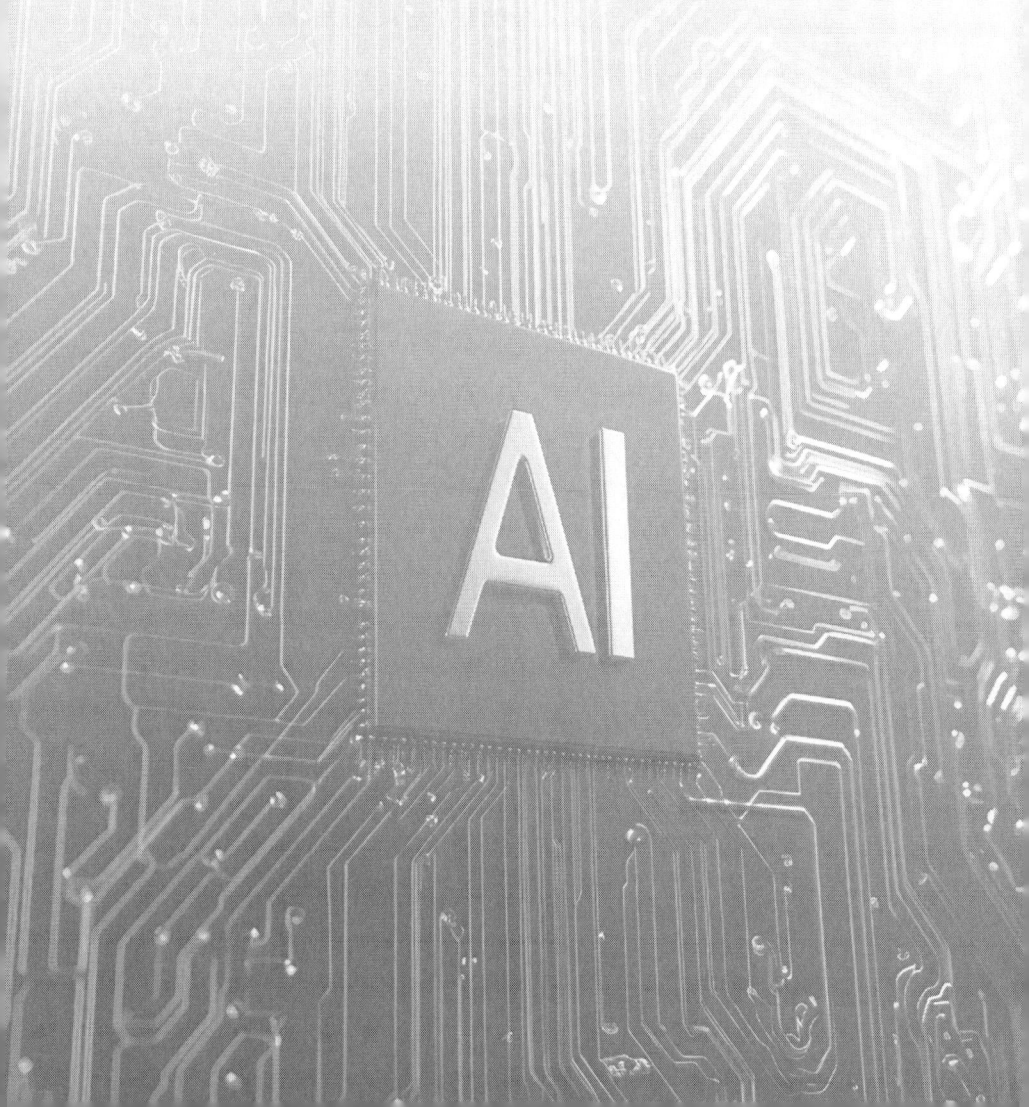

第 3 章 資料科學的方法論

3.1 資料科學方法的總體介紹

3.1.1 資料分析及挖掘技術整體概論

隨著資訊時代的到來，我們常常需要對大量資料進行處理，並從中分析出有價值的資訊，以實現特定的目的。換句話說，對資料集進行整理、分析、描述、總結和判斷的過程，就稱為資料分析。而資料探勘通常是指利用電腦技術和特定的演算法，對隱藏在巨量資料背後的深層內涵和資訊進行探索。

對巨量資料進行分析和處理，並從中發現有價值的資訊，是資料分析和資料探勘的共同目標。不同的是，資料分析更偏向於應用層面，而資料探勘則更注重技術層面，即資料分析解決的是「做什麼」的問題，而資料探勘解決的是「怎麼做」的問題。二者不存在包含或被包含的關係，而是對同一個問題不同方面的闡述。仔細品味這兩個概念，能夠幫助我們對資料科學有更加清晰的理解。

在實際情況下，當我們得到一份經過淨化和整理的資料，往往會感到束手無策，不知道從何處著手分析。此時我們也許會嘗試先對資料集進行一些描述性統計，例如求取統計數，如眾數、平均數、變異數等，也許還會進行一些相關

性分析和檢驗。透過這些統計方式,我們能夠對所獲得的資料集形成一個概括、抽象的理解。

當樣本量較小時,簡單的統計分析,足以幫助我們更能理解資料的特徵和其背後的含義。但是對於大樣本資料,要充分地挖掘其中的價值,我們還需要藉助更複雜的技術方法,例如資料庫、統計分析軟體、程式語言和演算法。常用的資料庫有 Excel、Oracle、MySQL 等,統計分析軟體有 SPSS、R、SAS,這些資料庫和統計分析軟體,能幫助我們藉助統計學理論和方法,對資料進行深入分析和洞察。有時候我們還需要針對特定的情況和問題,採用程式設計技術和高效能的演算法,對資料實現靈活、準確的分析和預測。根據問題類型的差異,資料探勘方法可以大致分為分類方法和聚類方法兩大板塊。根據演算法思想的差異,資料探勘方法可以劃分為機器學習和神經網路等兩大方向。機器學習方法傾向於將現實世界的複雜問題抽象成具體的模型,而神經網路更像一個「黑盒子」。這些方法涉及許多交叉學科的知識,運用這些方法,不僅需要分析者對問題所處的行業和背景有清楚的認知,在技術層面還需要結合機率論、矩陣論、資訊理論和電腦知識,對問題進行綜合分析。

3.1.2 資料統計分析方法介紹

資料科學的建立和發展，是建立在統計學理論的基礎之上，統計學是學習資料分析和資料探勘技術的敲門磚。統計學是一門透過蒐集、整理、觀察、描述和分析等方式，對研究對象進行觀測、推斷和預測，進而為決策提供科學參考的學科。敘述統計和推論統計分別是統計學研究內容的兩大類別。

敘述統計，顧名思義就是對所蒐集的資料進行整體性描述，並將資料透過圖表或其他方式直觀地表達出來。針對資料不同方面的特點，我們可以對資料的離散趨勢或集中趨勢進行描述和分析，也可以進行不同組間資料的相關分析以及其他圖形描述分析等。其中，集中趨勢表示的是資料的「中心」或「平均」概念，描述了同類資料的一般水準。描述資料集中趨勢的指標通常有中位數、眾數和平均數等。而離散趨勢是指資料遠離中心的趨勢，常用的描述指標有全距、四分位距、變異數和標準差等，其中最常用的是變異數和標準差。

當我們需要對兩組或兩組以上的隨機變數進行描述分析，並判斷組間資料相關程度的大小時，便需要使用相關分析方法。描述資料間相關關係有以下五種常用方法。一是圖表分析法（如折線圖或散布圖）。透過繪製圖表，可以很清楚地將資料的變化趨勢和資料間的關聯表示出來，但這種方式

缺乏對相關關係的準確度量。二是共變異數。共變異數是衡量資料間變化趨勢是否一致的度量指標。若兩組隨機變數的共變異數是正數，則說明這兩組隨機變數擁有一致的變化趨勢，二者呈正相關；若共變異數為 0，則說明這兩組隨機變數之間相互獨立。三是相關係數分析法。相關係數分析法用來衡量隨機變數之間關係的密切程度。四是迴歸分析。迴歸分析用一個函數曲線對資料樣本進行擬合，將一組隨機變數與另一組隨機變數的關係用函數形式表達出來，並對未來可能出現的樣本進行預測。五是資訊熵和相互資訊。當我們需要對多組隨機變數與我們所希望預測的目標結果進行相關性分析時，資訊熵和相互資訊能幫助我們找到每一個特徵與目標狀態相關關係的強弱情況。

推論統計主要包括引數估計和假說檢定，是利用樣本特徵推斷總體特徵的方法。其中引數估計是指從總體中隨機抽取樣本，並根據樣本資料的分布特徵，對總體未知引數進行估計的過程。假說檢定是基於「反證法」思想對所提出的假設進行驗證的過程。舉例：假設我們希望證明的命題是「所有天鵝都是白色的」，如果這個命題為真，那麼它的反命題「存在黑色的天鵝」就是一個幾乎不可能發生的小機率事件。為了證明原命題，我們隨機選擇了一定數量（比如 1,000 隻）的天鵝進行觀察。如果只發現一隻黑天鵝，那仍可以認定黑天鵝的存在是偶然事件；但如果有 100 隻黑天鵝，那麼顯然原

命題「所有天鵝都是白色的」這個假設是有待考察的。在假說檢定中，我們將希望證實的命題稱為「虛無假說」，將反命題稱為「對立假說」。為了驗證虛無假說，我們進行了一系列的試驗或對抽取的樣本進行觀察。如果小機率事件，即對立假說在實際情況中發生的次數超出了預設範圍，那麼我們就拒絕接受虛無假說。反之，如果小機率事件的出現次數在我們的預設範圍之內，那我們就可以一定的機率接受虛無假說。

3.1.3　基於機器學習的資料科學技術方法

過去幾十年中，網路蓬勃發展，隨著巨量資料資源呈爆炸式成長，電腦運算能力的增強以及計算速度的提升，人們可以更加容易地從巨量資料中挖掘出有價值的知識和資訊，從資料中獲取知識經驗，並對未知的情況進行預測。而資料分析和機器學習，正是當代獲取資料價值的核心技術和兩大利器。

機器學習的核心就是找到能夠盡量模擬真實情況的模型和函數。機器學習需要思考學習什麼模型，如何找到目標函數，使模型的預測結果和真實值的差異越小越好，同時提高模型的學習效率。

機器學習的過程，大體可以這樣描述：將資料集以一定的方式和比例劃分為訓練資料和測試資料。然後，在預設的某個模型框架下，對給定的、有限的訓練資料集進行學習，

目標是使訓練結果能最準確地擬合實際情況。機器學習的主要實現過程如下：

①設計模型，確定模型包含的假設空間的範圍。

②確定損失函數，即制定函數的評價準則。

③選擇求解最佳模型的演算法。

④透過對模型進行學習和訓練，找到最佳目標函數。

⑤利用學習得到的最佳模型，進行資料分析和預測。

假設所學習的模型屬於某個函數集合，那麼這個函數集合稱為假設空間；在訓練模型的過程中，需要為模型規定評價好壞的準則（evaluation criterion）和最佳化演算法（optimization algorithm），並透過最佳化演算法，計算出最符合評價準則的引數和模型，使其在訓練資料集和測試資料集中，在給定的評價準則下，都能達到最佳的預測效果。由此我們可以總結出機器學習包含三個基本要素，分別是模型的假設空間、選擇最佳模型的評價準則，以及用於訓練模型的最佳化演算法，即模型（model）、策略（strategy）和演算法（algorithm）。

(1) 模型

對於一個機器學習問題，我們首先要思索的是，應該使用什麼模型，以更能描述所面臨的客觀事實。以有監督學習

問題為例,其模型就是所需要學習的某種條件機率或決策函數。機器學習模型需要在給定的樣本集合和對應的標籤資訊下,利用已知的條件機率關係或函數形式,從模型的假設空間中,找到最能夠擬合客觀情況的對應關係。

假設空間中可能的模型有無數多個。所有可能的決策函數的集合,用 F 來表示:

$$F = \{f \mid Y = f(X)\} \tag{3.1}$$

其中,X 表示輸入空間的樣本,Y 代表輸出空間的樣本標籤。F 通常是由可能的引數所決定的函數族:

$$F = \{f \mid Y = f_\theta(X), \theta \in R^n\} \tag{3.2}$$

其中,R^n 是 n 維歐幾里得空間,θ 是該空間的引數向量。假設空間也可以是某種條件機率的集合:

$$F = \{P \mid P(Y \mid X)\} \tag{3.3}$$

其中,X 表示輸入空間的樣本,Y 代表輸出空間的樣本標籤。這時 F 是一個由所有可能的引數決定的條件機率分布族:

$$F = \{P \mid P_\theta(Y \mid X), \theta \in R^n\} \tag{3.4}$$

其中,R^n 是 n 維歐幾里得空間,θ 是該空間的引數向量。

(2) 策略

當模型的假設空間確定下來，機器學習接下來的工作，就是尋找一個評價準則，用來評估模型的優劣。在透過訓練樣本進行學習的過程中，損失函數用來度量每一次預測結果的好壞，損失函數的期望定義為風險函數，用來度量這個預測模型的好壞程度。風險函數的值越小，說明模型訓練得越好。

關於損失函數和風險函數，還是以有監督學習問題為例，給定輸入變數 $X=\{x_1, x_2, \cdots\cdots, x_N\}$ 和輸出值 $Y=\{y_1, y_2, \cdots\cdots, y_N\}$。我們希望從假設空間 F 中找到一個最佳的決策函數 f，對於給定的輸入變數 X，都有對應的輸出結果 f(X)，使 f(X) 與真實值 Y 之間的差異最小，即模型的準確性最高。損失函數是衡量輸出值 f(X) 與真實值 Y 之間差異大小的非負實值函數，記作 L[Y, f(X)]。

機器學習常用的損失函數有以下幾種：

① 0-1 損失函數（0-1 loss function）：

$$L[Y, f(X)] = \begin{cases} 1, & Y = f(X) \\ 0, & Y \neq f(X) \end{cases} \quad (3.5)$$

② 平方損失函數（quadratic loss function）：

$$L[Y, f(X)] = [Y - f(X)]^2 \quad (3.6)$$

③絕對損失函數（absolute loss function）：

$$L[Y, f(X)] = |Y - f(X)| \qquad (3.7)$$

④對數損失函數（logarithmic loss function）

$$L[Y \mid P(Y \mid X)] = -\log P(Y \mid X) \qquad (3.8)$$

在條件機率模型中，我們通常把真實樣本（X，Y）視為一個隨機變數，且假設這個隨機變數遵循某個聯合分布 P（X，Y），那麼損失函數的期望（也稱風險函數或期望損失）就可以表示為 X 和 Y 關於該分布的積分形式：

$$\begin{aligned}R_{\exp}(f) &= E_p\{L[Y, f(X)]\} \\ &= \int_{X \times Y} L[Y, f(X)] P(X, Y) \mathrm{d}X \mathrm{d}Y\end{aligned} \qquad (3.9)$$

機器學習的目標就是找到一個使期望損失達到最小的模型。但是真實世界中，隨機變數（X，Y）的聯合分布 P（X，Y）是未知的，我們無法直接計算出期望損失值。因此一個很自然的想法，就是利用訓練資料集的平均損失（也稱經驗風險或經驗損失）來估計真實的期望損失。訓練資料集的經驗損失計算如下：

$$R_{emp} = \frac{1}{N} \sum_{i=1}^{N} L[y_i, f(x_i)] \qquad (3.10)$$

3.1 資料科學方法的總體介紹

我們的目標是使經驗損失達到最小：

$$\min_{f \in F} \frac{1}{N} \sum_{i=1}^{N} L[y_i, f(x_i)] \quad (3.11)$$

在現實的資料探勘任務中，往往只能獲得十分有限的樣本資料，對有限的樣本資料進行學習時，模型會受到較大的抽樣誤差影響，產生「過適」（overfitting，過擬合、擬合過度）現象。模型過度學習樣本的特徵，導致模型過度複雜。儘管模型在訓練資料集上表現得很好，但是在測試資料集和泛化效能上表現得很糟糕。為了避免這種現象，最常用的解決辦法，是在經驗風險的基礎上，加上正則化項或懲罰項。引入正則化項的風險函數稱為結構風險，記作：

$$R_{srm} = \frac{1}{N} \sum_{i=1}^{N} L[y_i, f(x_i)] + \lambda T(f) \quad (3.12)$$

其中，T（f）表示模型的複雜度。模型越複雜，T（f）越大；模型越簡單，T（f）越小。λ 是用來衡量經驗風險和複雜度的係數，λ ≥ 0。

通常，可以透過結構風險最小化來求得最佳模型：

$$\min_{f \in F} \left\{ \frac{1}{N} \sum_{i=1}^{N} L[y_i, f(x_i)] + \lambda T(f) \right\} \quad (3.13)$$

透過上述轉換，有監督學習問題轉變為最小化經驗風險或結構風險問題。此時的目標函數即為經驗或結構風險函數。

(3) 演算法

確定了模型的假設空間和評價準則後,我們需要基於訓練資料集,學習並確定模型的引數,並求解出最佳的模型。演算法是指求解機器學習模型引數的具體計算方法。

機器學習中的最佳化問題,通常不存在顯式解析解或擁有解析解,但是計算量非常大,因此需要用演算法,例如數值計算、迭代最佳化的方法,或啟發式演算法求解。演算法的一個重要問題在於,如何保證找到全域性最佳解,並使求解的過程非常具有效能。我們可以利用已有的最佳化演算法,但有時也需要為特定的問題開發適合的最佳演算法。

3.1.4 模型評估與選擇

「沒有免費的午餐」定理,是機器學習中著名的定理之一,它認為「沒有一種機器學習演算法對所有問題都有效」(Wolpert & Macready,1995)。我們無法證明神經網路的分類效果總是比決策樹好,反之亦然。演算法的表現通常受到諸多因子的影響,比如資料規模大小和問題本身的結構等。

(1) 訓練誤差與測試誤差

當我們獲得一份經過淨化的資料後,首先會按照一定比例和隨機方法,劃分為訓練資料和測試資料,通常會設定為 4:1 或 7:3。訓練資料用於學習和訓練,以找到最佳的引

數,進而獲得最佳模型;測試資料則用於評估已經訓練好的機器學習模型的效能。

訓練誤差是指模型在訓練資料集上誤差的平均值,該指標度量模型對訓練資料的擬合情況。訓練誤差通常不宜過小或過大,若訓練誤差過大,則說明模型的學習效果不夠好;若訓練誤差過小,則說明模型過度學習了訓練集的特性,容易產生「過適」現象。

測試誤差是指模型在測試資料集上誤差的平均值,該指標度量了模型的泛化能力。由於在實際情況中,人們往往無法對未知資料的期望損失進行計算,通常的做法是用測試誤差來估計模型的泛化誤差。在實踐中,我們希望測試誤差越小越好。

(2) 乏適與過適

乏適(underfitting,欠擬合)是指模型尚未對完整的訓練資料集進行充分學習,模型不夠複雜,擬合能力不夠的現象。從誤差角度來看,乏適時訓練誤差和測試誤差都較大。通常的解決方式,是增加模型迭代或訓練的次數,也可以嘗試使用其他演算法、對引數數量進行調整、增加模型複雜程度或使用整合學習方法,以提升模型的泛化效能。

過適是指模型過度學習訓練集本身的特性,導致出現模型過於複雜,擬合能力過強的現象。由於受到資料量大小、

資料取樣方式以及雜訊等因素的影響，資料集本身的特點和分布狀況，並不能夠完全等同於真實的客觀情形。因此從誤差角度來看，當過適出現時，儘管訓練誤差很小，但是在測試資料集上的測試誤差很大。

根據不同的模型特徵，可以採取不同的方法來防止過適的出現。例如對最佳化損失函數的模型，如邏輯迴歸、感知機、支援向量機等，通常的做法是在損失函數中加入正則化項（懲罰項），引入正則化項的目的，是使引數的長度變短，模型可以在較小的引數空間中進行最佳化，使模型更加簡單。對於決策樹這類模型，則可以透過剪枝的方式來避免過適。

圖 3-1 更加直觀地解釋了乏適和過適現象。

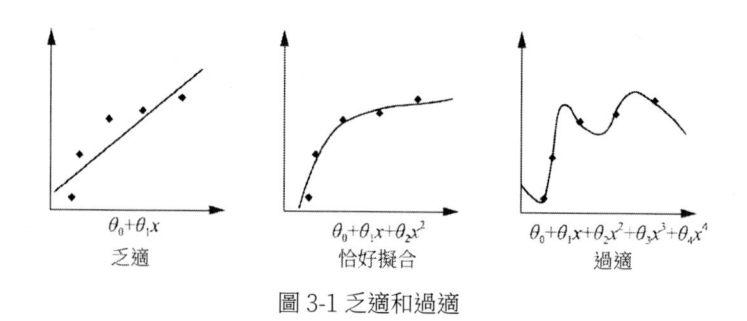

$\theta_0+\theta_1 x$
乏適

$\theta_0+\theta_1 x+\theta_2 x^2$
恰好擬合

$\theta_0+\theta_1 x+\theta_2 x^2+\theta_3 x^3+\theta_4 x^4$
過適

圖 3-1 乏適和過適

圖 3-1 左邊的圖是乏適現象，圖中試圖用一條簡單的直線來擬合樣本資料，這種方法雖然簡單，但產生較大誤差。右邊的圖描述了過適現象，圖中用一個高階多項式函數來擬

合樣本資料，雖然模型訓練誤差很小，但對新資料預測會產生十分大的誤差。圖 3-1 中間的模型，儘管訓練誤差不是最小，但擁有更佳的泛化能力。

(3) 偏誤 —— 變異數窘境

泛化能力指的是機器學習透過訓練樣本學習到的模型，對測試樣本的預測能力。通常採用測試樣本的測試誤差來衡量機器學習方法的泛化能力，我們會定義一個誤差函數來估計機器學習演算法的泛化效能，並希望最小化誤差函數的值，來提升模型的效能。但人們還希望能更深入地觀察和了解模型為什麼會具有這樣的效能，而「偏誤 —— 變異數分解」，是一種從偏誤和變異數的角度，來解釋演算法泛化效能的重要工具。「偏誤 —— 變異數窘境」認為可以將泛化誤差分解為偏誤、變異數和雜訊。它們的關係可以表示為：

泛化誤差 = 錯誤率 = 偏誤^2 + 變異數 + 雜訊

如果我們能夠獲得真實世界裡所有可能樣本的集合，而且在這個資料集合上，使誤差損失達到最小，那麼便可以將學習到的模型稱為「真實模型」。然而，在現實生活中，我們不可能獲取所有可能性，所以儘管真實模型肯定存在，但是無法獲得。我們目前只能學習一個模型，使其盡可能地接近這個真實模型。泛化誤差描述的就是訓練資料集的損失，與真實世界的一般化資料集的損失之間的差異。偏誤反映的是

模型對訓練樣本集的估計期望與真實結果之間的差異,即衡量模型和演算法本身的好壞。變異數反映的是函數模型 f(x) 對訓練樣本 x 的敏感程度。變異數越小,說明模型對不同樣本的輸出結果越穩定。通常來說,對資料集採用不同的取樣和驗證方法,會對變異數產生較大影響。雜訊是所蒐集到的資料中的樣本標籤與真實資料的標籤之間的偏誤,反映的是資料本身的品質。雜訊是無法透過提升演算法效能或改進已有資料集的取樣方式減少的,雜訊的存在,決定了學習的上限。在資料集已經給定的情況下,目標就是盡最大可能接近這個上限。

3.2 資料的統計分析技術

3.2.1 資料分布特徵的度量

(1) 樣本平均值

假設我們希望知道某地區全體中學生的總體平均身高水準 μ,但是受成本、樣本容量和其他因素的限制,我們無法獲得全部樣本值,因此希望透過隨機抽樣的方式,獲取一定量的樣本,並透過樣本平均值 X,估計總體平均值 μ。

3.2 資料的統計分析技術

樣本平均值是測定樣本集中趨勢最常用的指標，通常記作 $\overline{X}$：

$$\overline{X} = \frac{\sum_{i=1}^{n} X_i}{n} \tag{3.14}$$

其中，n 是樣本容量的大小，X_i 是第 i 個樣本的值。

(2) 樣本變異數和標準差

為了更容易理解資料，我們不僅需要知道資料分布的一般狀況，還需要知道這個資料集圍繞中心的波動情況。通常使用變異數和標準差來描述資料離散程度。總體變異數是總體空間中每一個個體偏離總體平均值的平方和的平均數，通常用 σ^2 表示：

$$\sigma^2 = \frac{\sum_{i=1}^{N}(X_i - \mu)^2}{N} \tag{3.15}$$

通常情況下，由於所研究對象總體的資料是很難獲得的，我們無法直接測定總體變異數。最直接的方法，是使用樣本變異數 s^2 去估計總體變異數 σ^2：

$$s^2 = \frac{\sum_{i=1}^{n}(X_i - \overline{X})^2}{n-1} \tag{3.16}$$

另外,我們注意到,在計算樣本變異數時,分母的取值為 n-1,而不是樣本容量的大小 n。這是因為我們無法採集到所有的情況,真實資料中還有許多情況是無法透過樣本資料反映出來的,因此真實的總體變異數,往往會比樣本變異數大。為獲得對總體變異數的無偏估計,我們修正了樣本變異數的計算方式,使樣本變異數除以 n-1。

以上兩個變異數公式中,樣本對偏離值進行了平方運算,這種計算方式將大的偏離值對變異數的影響進一步放大了。在有些情況下,使用標準差描述資料的偏離情況,也許更容易討論些。

3.2.2 引數估計

當我們需要研究某一現象的數量和分布特徵時,就需要對研究對象進行全面的調查。研究者通常以抽樣調查的方式,獲得總體的部分樣本資料,然後透過分析樣本的數量特徵,對總體特徵進行估計和推斷。這個過程就是引數估計,即透過計算樣本的統計量,來推斷總體引數的方法。一般情況下,將需要估計的總體引數記為 θ,並且用 $\hat{\theta}$ 來表示對總體引數的估計值,也稱估計量,其具體數值稱為估計值。在實際資料分析的工作中,根據不同的研究目的和資料分布特徵,我們需要對各式各樣的引數進行估計,如平均值和變異

數。點估計和區間估計是引數估計的主要方法。點估計是把樣本中某個估計量的取值，直接作為對總體待估引數的估計值。區間估計則不僅給出具體的估計值，還結合統計量的分布特徵，給出對總體引數的估計範圍和可靠性度量。

(1) 點估計

點估計是指直接用樣本估計量的值，對總體引數的實際值進行推斷的方法，也稱定制估計。例如直接將計算出的樣本的平均值作為總體的平均值，或直接將樣本的變異數作為總體的變異數等。在點估計問題中，我們一般假設總體 X 的分布函數形式是已知的，引數是未知的。待估引數的數量可以是一個或多個。矩估計法和最大概似估計法是最常用的兩種點估計方法。

① 矩估計法。

矩（動差），是統計學中對資料分布特徵和形態的一組度量工具，分為原點矩（原始動差）和中心矩（主動差、中央動差）等。直接使用變數進行計算的稱為原點矩。當總體 X 是連續型隨機變數時，機率密度可表示為 $f(x; \theta_1, \theta_2, \cdots, \theta_k)$，當總體 X 是離散型隨機變數時，分布機率可以表示為 $p(x; \theta_1, \theta_2, \cdots, \theta_k)$，其中 $\theta_1, \theta_2, \cdots, \theta_k$ 是待估計的引數。假設總體 X 的前 k 階矩表示如下：

第 3 章 資料科學的方法論

$$\mu_l = E(X^l) = \int_{-\infty}^{\infty} x^l f(x; \theta_1, \theta_2, \cdots, \theta_k) \mathrm{d}x \text{（X 為連續型）} \quad (3.17)$$

$$\mu_l = E(X^l) = \sum_{x \in R_x} x^l p(x; \theta_1, \theta_2, \cdots, \theta_k) \text{（X 為離散型）} \quad (3.18)$$

假設樣本 X_1，X_2，……，X_n 來自總體 X，則樣本 X_i (i=1，2，……，n) 的 k 階原點矩表示為：

$$A_{kk} = \frac{1}{n} \sum_{i=1}^{n} X_i^{kk} (kk = 1, 2, \cdots, k) \quad (3.19)$$

移除平均值後的矩稱為中心矩，樣本 X_i (i=1，2，……，n) 的 k 階中心矩表示為：

$$B_{kk} = \frac{1}{n} \sum_{i=1}^{n} (X_i - \bar{X})^{kk} (kk = 1, 2, \cdots, k) \quad (3.20)$$

當 k=1 時，樣本的一階原點矩就是樣本平均值，也就是樣本的數學期望值；當 k=2 時，樣本的二階中心矩就是樣本變異數。

根據辛欽大數法則 (Ross，1994)，若簡單隨機樣本 X_1，X_2，……，X_n 是一組獨立同分布的隨機序列，那麼樣本 X_1，X_2，……，X_n 的原點矩機率，收斂到總體原點矩。因此當資料量足夠大時，我們可以用樣本矩來代替總體矩。由於事先假設樣本的分布形式是已知的，透過建立樣本矩和總體矩的等量關係，就能透過求解方程式，對未知引數進行估計。基於這種思想和方式求解估計量的方法，稱為矩估計

法。最簡單也是最常用的矩估計法是：用一階樣本原點矩估計總體期望值，用二階樣本中心矩估計總體變異數。

矩估計法的具體做法如下：

$$\begin{cases} \mu_1 = \mu_1(\theta_1, \theta_2, \cdots, \theta_k) \\ \cdots \\ \mu_k = \mu_k(\theta_1, \theta_2, \cdots, \theta_k) \end{cases} \quad (3.21)$$

求解後，可以得到：

$$\begin{cases} \theta_1 = \theta_1(\mu_1, \mu_2, \cdots, \mu_k) \\ \cdots \\ \theta_k = \theta_k(\mu_1, \mu_2, \cdots, \mu_k) \end{cases} \quad (3.22)$$

將 A_{kk} 帶入式（3.22），可以得到：

$$_{kk} = \theta_{kk}(\mu_1, \mu_2, \ldots, \mu_k) \quad (kk=1,\ldots,k) \quad (3.23)$$

其中，$_{kk}$ 即為 θ_{kk} 的估計量。

②最大概似估計法。

最大概似是一種根據經驗對未知引數進行估計和判斷的思想。假設隨機樣本服從獨立同分布，其分布的函數和模型是已知的，而關於模型的具體引數是未知的。該方法先觀察若干次實驗的結果，建構出該結果的聯合機率函數，並求解出使聯合機率函數最大的引數值。

若樣本集 $X = \{X_1, X_2, \ldots\ldots, X_n\}$ 中的每個樣本都服從

獨立同分布，則其聯合機率密度函數為 p（X|θ）。我們使用最大概似估計法對未知引數 θ 進行估計，首先建構該樣本集的概似函數：

$$L(\theta) = p(X \mid \theta) = p(X_1 \mid \theta)p(X_2 \mid \theta)\cdots p(X_n \mid \theta) = \prod_{i=1}^{n} p(X_i \mid \theta)$$

（3.24）

如果估計值是使概似函數 L（θ）達到最大引數 θ 的值，那麼就是 θ 的最大概似估計量，即

$$\hat{\theta} = \arg\max_{\theta} L(\theta) = \arg\max_{\theta} \prod_{i=1}^{n} p(X_i \mid \theta)$$

（3.25）

為了便於計算，我們對概似函數取對數：

$$\hat{\theta} = \arg\max_{\theta} \ln L(\theta) = \arg\max_{\theta} \ln \prod_{i=1}^{n} p(X_i \mid \theta) = \arg\max_{\theta} \sum_{i=1}^{n} p(X_i \mid \theta)$$

（3.26）

(2)區間估計

點估計中我們直接對引數推斷出一個實際的數值，但由於樣本不能完全反映總體的特徵，點估計計算得到的估計值往往是有偏誤的。為了解決以上問題，我們使用區間估計的方法，以更加科學的方式來描述估計量。區間估計不僅給出引數的具體估計值的取值範圍，還對實際引數落在這個取值範圍內的機率進行判斷。其中給定的機率稱為置信度（信賴

度、信賴水準），一般用百分比表示，為 $(1-\alpha) \times 100\%$。α 為顯著性水準，表示總體引數落在這個取值範圍之外的機率。這個包含待估引數的取值範圍，稱為信賴區間。總體平均值是我們最常估計的引數，本書以平均值的區間估計來舉例說明。

①一個總體平均值的區間估計。

假設總體服從常態分布，總體平均值 μ 未知，變異數 σ^2 已知。設樣本集 $X = \{X_1, X_2, \cdots\cdots, X_n\}$ 是從總體中抽取的 n 個樣本，那麼樣本平均值 $\overline{X}$ 也服從常態分布：

$$z = \frac{\overline{X} - \mu}{\sigma/\sqrt{n}} \sim N(0, 1) \quad (3.27)$$

對於給定的置信度 $(1-\alpha)$，尋找對應的臨界值 $z_{\alpha/2}$，可得標準化後樣本平均值的信賴區間：

$$P(-z_{\alpha/2} < \frac{\overline{X} - \mu}{\sigma/\sqrt{n}} < z_{\alpha/2}) = 1 - \alpha \quad (3.28)$$

利用不等式變形可得：

$$P((\overline{X} - z_{\alpha/2}\frac{\sigma}{\sqrt{n}}) < \mu < (\overline{X} + z_{\alpha/2}\frac{\sigma}{\sqrt{n}})) = 1 - \alpha \quad (3.29)$$

故而總體平均值 μ 的置信度 $(1-\alpha)$ 的信賴區間為：

$$\left(\overline{X}-z_{\alpha/2}\frac{\sigma}{\sqrt{n}},\ \overline{X}+z_{\alpha/2}\frac{\sigma}{\sqrt{n}}\right) \quad (3.30)$$

也就是：

$$\left(\overline{X}\pm z_{\alpha/2}\frac{\sigma}{\sqrt{n}}\right) \quad (3.31)$$

假設總體服從常態分布，但是總體的變異數 σ^2 未知，此時可以用樣本變異數 s^2 代替總體變異數 σ^2。對於給定的置信度 ($1-\alpha$)，總體平均值 μ 的信賴區間為：

$$\left(\overline{X}\pm z_{\alpha/2}\frac{s}{\sqrt{n}}\right) \quad (3.32)$$

當總體不服從常態分布時，只要是在大樣本的情況下，可以用式 (3.32) 計算總體平均值的信賴區間。在小樣本的情況下，比如樣本容量 n<30，那麼我們一般假設總體平均值 μ 服從自由度為 (n-1) 的 t 分布。

②兩個總體平均值之差的區間估計。

對獨立取樣的兩個總體，我們常常需要比較二者的差異，這裡以兩個總體的平均值之差 ($\mu_1-\mu_2$) 為例。

μ_1、μ_2 分別是兩個總體的平均值。分別從兩個總體中抽取樣本容量為 n_1 和 n_2 的兩個樣本集，樣本平均值記為和。現在我們需要對兩個總體的平均值之差 ($\mu_1-\mu_2$) 進行估計，顯

然，估計量是兩個樣本的平均值之差 (-)。

假設兩個總體都服從常態分布，當樣本容量較大時，我們分別從兩個總體中獨立抽取樣本。此時兩個樣本平均值之差 (-) 的抽樣分布服從期望值為 $(\mu_1-\mu_2)$、變異數為 $\left(\frac{\sigma_1^2}{n_1}+\frac{\sigma_2^2}{n_2}\right)$ 的聯合常態分布，且這兩個樣本的平均值之差經過標準化處理後，服從標準常態分布。

$$Z=\frac{(\overline{x_1}-\overline{x_2})-(\mu_1-\mu_2)}{\sqrt{\frac{\sigma_1^2}{n_1}+\frac{\sigma_2^2}{n_2}}} \sim N(0,1) \qquad (3.33)$$

如果兩個總體的變異數 σ_1^2 和 σ_2^2 都是已知的，那麼在置信度為 $(1-\alpha)$ 的條件下，兩個總體的平均值之差 $(\mu_1-\mu_2)$ 的信賴區間為：

$$(\overline{x_1}-\overline{x_2}) \pm z_{\alpha/2}\sqrt{\frac{\sigma_1^2}{n_1}+\frac{\sigma_2^2}{n_2}} \qquad (3.34)$$

如果兩個總體的變異數 σ_1^2 和 σ_2^2 都是未知的，那麼可以用兩個樣本的變異數 s_1^2 和 s_2^2 來代替，這時在置信度 $(1-\alpha)$ 下，兩個總體平均值之差 $(\mu_1-\mu_2)$ 的信賴區間為：

$$(\overline{x_1}-\overline{x_2}) \pm z_{\alpha/2}\sqrt{\frac{s_1^2}{n_1}+\frac{s_2^2}{n_2}} \qquad (3.35)$$

3.2.3 假說檢定

假說檢定是統計學的一個重要分支,也是學術研究中最常使用的工具。首先,對所研究的對象提出希望驗證的假說,這個假說條件被稱為虛無假說 H_0,而與之相反的假說被稱為對立假說 H_1。有意思的是,在假說檢定中,我們不去直接證明虛無假說為真,而是透過證明對立假說來推翻虛無假說。如果虛無假說被推翻了,那麼就要拒絕虛無假說,選擇對立假說。相反,如果根據統計結果,虛無假說沒有被推翻,那我們就選擇在一定的置信度下,接受虛無假說。虛無假說與對立假說互斥,接受虛無假說意味著必須放棄對立假說。

舉個簡單的例子,假如我們需要對總體平均值 μ 進行假說檢定,假說檢定的基本形式如表 3-1 所示。

表 3-1　假說檢定的基本形式

假說	雙側檢驗	單側檢驗	
		左側檢驗	右側檢驗
虛無假說	$H_0: \mu = \mu_0$	$H_0: \mu \geq \mu_0$	$H_0: \mu \leq \mu_0$
對立假說	$H_1: \mu \neq \mu_0$	$H_1: \mu < \mu_0$	$H_1: \mu > \mu_0$

(1) 棄真錯誤、取偽錯誤

我們利用樣本資料的統計量來判斷對總體引數的假說是否成立,但樣本是隨機的,因而有可能出現小機率的錯誤。

這種錯誤分兩種，一種是棄真錯誤，另一種是取偽錯誤。

棄真錯誤也被稱為第Ⅰ類錯誤或 α 錯誤，是指虛無假說實際上是真的，但透過樣本估計總體後，我們拒絕了真實的虛無假說。明顯這是錯誤的，這種拒絕了真實虛無假說的錯誤，叫棄真錯誤，這種錯誤的機率，我們記為 α。這個值也是顯著性水準，在假說檢定之前，我們會規定這個機率的大小。

取偽錯誤也叫第Ⅱ類錯誤或 β 錯誤，是指虛無假說實際上是假的，但透過樣本估計總體後，我們接受了虛無假說。明顯這是錯誤的，我們接受的虛無假說實際上是假的，所以叫取偽錯誤，這個錯誤的機率，我們記為 β。

虛無假說一般是想要拒絕的假說。因為虛無假說被拒絕，如果出錯的話，只會犯棄真錯誤，而犯棄真錯誤的機率，已經被規定的顯著性水準控制。這對統計者來說更容易控制，將錯誤影響降到最低。假說檢定中各種可能結果的機率，見表 3-2。

表 3-2 假說檢定中各種可能結果的機率

項目	沒有拒絕 H_0	拒絕 H_0
H_0 為真	1-α（正確決策）	α（棄真錯誤）
H_0 為假	β（取偽錯誤）	1-β（正確決策）

(2) 拒絕域

以顯著性水準 α 為臨界值，拒絕域就是落在臨界值之外的區域。一般我們會將顯著性水準 α 設定成較小的值，如 0.05，表示事件不發生的機率。拒絕域的功能，主要是用來判斷假說檢定是否拒絕虛無假說。

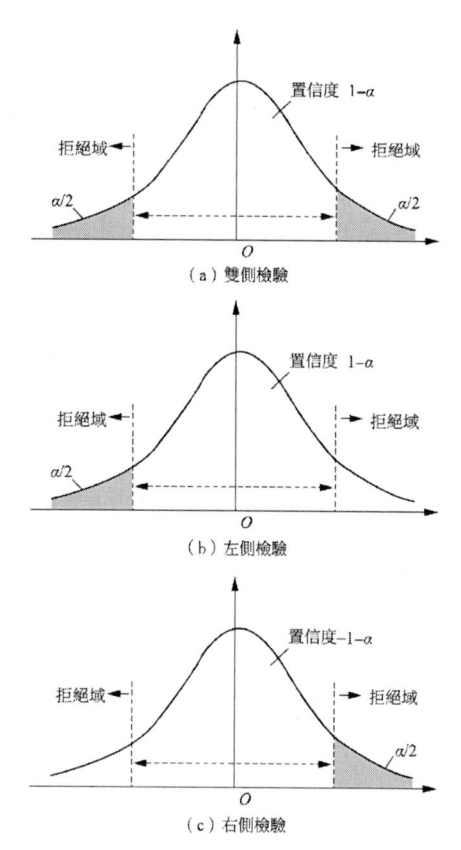

(a) 雙側檢驗

(b) 左側檢驗

(c) 右側檢驗

圖 3-2　顯著性水準、臨界值和拒絕域

3.2.4 變異數分析

前面我們討論的都是關於一個總體或兩個總體的統計問題，但在實際工作中，可能需要對多個總體的平均值進行比較。變異數分析就是處理這類問題的常用方法。從假設提出的形式來看，變異數分析是對多個總體的平均值進行比較；從檢驗統計量的構造形式來看，變異數分析比較的是組間誤差和組內誤差之間差異的大小。本書介紹單因子變異數分析的方法。

單因子變異數分析只對試驗中某個單一因子的不同類別進行分析，分析步驟如下：

(1) 提出假設

H_0：$\mu_1 = \mu_2 = \cdots\cdots = \mu_k$；

H_1：μ_1，μ_2，$\cdots\cdots$，μ_k 不全相等。

(2) 計算平均值

為了便於介紹，以單因子變異數分析為例，資料的結構如表 3-3 所示。

表 3-3　單因子變異數分析的資料結構

觀察值序號	因子 (i)			
	A_1	A_2	……	A_k
1	x_{11}	x_{21}	……	x_{k1}

觀察值序號	因子（i）			
	A_1	A_2	……	A_k
2	x_{12}	x_{22}	……	x_{k2}
……	……	……	……	……
N	x_{1n}	x_{2n}	……	x_{kn}

對因子 A 的 k 個水準，分別用 A_1，A_2，……，A_k 來表示，其中 x_{ij} 表示第 i 個因子（總體）的第 j 個觀察值。對於不同的因子，我們可以抽取相等或不等數量的樣本。

令表示第 i 個總體的樣本平均值，則：

$$\overline{x_i} = \frac{\sum_{j=1}^{n_i} x_{ij}}{n_i} \quad (3.36)$$

其中，n_i 為第 i 個總體的樣本觀察值個數。

令總平均值為，則：

$$\overline{x} = \frac{\sum_{i=1}^{k}\sum_{j=1}^{n_i} x_{ij}}{n} = \frac{\sum_{i=1}^{k} n_i \overline{x_i}}{n} \quad (3.37)$$

(3) 計算誤差平方和

全部觀察值離散程度的指標稱為誤差平方和，它計算了樣本全部觀察值 x_{ij} 與總平均值之間誤差的平方和，記作 SST。

$$SST = \sum_{i=1}^{k} \sum_{j=1}^{n_i} (x_{ij} - \overline{\overline{x}})^2 \qquad (3.38)$$

不同組別、不同水準下的總體,可透過式(3.38)計算樣本平均值之間的差異程度,這項統計指標稱為水準項誤差平方和,也稱為組間平方和,記作 SSA。

$$SSA = \sum_{i=1}^{k} \sum_{j=1}^{n_i} (\overline{x_i} - \overline{\overline{x}})^2 = \sum_{i=1}^{k} n_i (\overline{x_i} - \overline{\overline{x}})^2 \qquad (3.39)$$

為了表現同一水準下、同一組別的樣本,各觀察值的離散情況,我們引入了誤差項平方和,也稱為組內平方和或殘差平方和,記作 SSE。

$$SSE = \sum_{i=1}^{k} \sum_{j=1}^{n_i} (x_{ij} - \overline{x_i})^2 \qquad (3.40)$$

以上三個平方和的關係是:SST=SSA+SSE。

(4) 計算統計量

組間均方 MSA 的計算公式為:

$$MSA = \frac{SSE}{k-1} \qquad (3.41)$$

組內均方 MSE 的計算公式為:

$$MSE = \frac{SSE}{n-k} \qquad (3.42)$$

檢驗統計量為 F。F 是 MSA 與 MSE 的比值：

$$F = \frac{MSA}{MSE} \sim F(k-1, n-k) \qquad (3.43)$$

(5) 做出統計決策

首先我們根據式 (3.43) 計算出檢驗統計量 F 的值，然後尋找 F 分布表，找到在給定的顯著性水準 α 下，分子、分母的自由度分別是 (k-1) 和 (n-k) 的臨界值 F_α。接著我們將檢驗統計量 F 和 F_α 進行比較，如果 $F > F_\alpha$，則說明統計量落在臨界值之外的區域，要拒絕虛無假說 H_0。相反，如果 $F < F_\alpha$，則不能拒絕虛無假說 H_0。

3.2.5 迴歸分析

相關分析是研究兩個或兩個以上變數間相關關係的方法。對現象進行相關性分析的目的，是找出現象和現象之間相關關係的密切程度和變化規律，且對現象進行判斷或推斷。迴歸分析是對多個變數進行相關性分析的一種方法。迴歸分析不僅關注變數之間的相關關係，還關注其中的因果關係，是根據已知變數的函數關係，對未知變數進行預測的統計方法。

迴歸分析的主要內容和步驟如下：

首先，選擇一個恰當的迴歸分析模型。根據理論分析所

研究的客觀現象,找出現象間的因果關係和相互間的關係,建構理論模型,以便得到一個較能反映客觀現象變化規律的迴歸模型。也可以透過繪製變數之間相關關係的散布圖等,根據對圖像的觀察,選擇擬合效果較好的迴歸模型。

其次,進行引數估計。以蒐集的樣本資料為據,為模型選擇合適的引數。

再次,進行模型檢驗。對引數估計值進行評價,確定它們是否具有理論意義,在統計上是否顯著。模型檢驗是十分重要的環節,模型只有透過檢驗,才能用於實際。

最後,根據迴歸方程式對未知變數進行預測。預測是迴歸分析的最終目的。

3.3　分類技術的理論與應用

分類任務在生活中無處不在,時刻伴隨著我們的決策過程,例如音樂網站或軟體會按照歌曲風格、歌手資訊、用戶收聽歷史紀錄,將音樂分成不同的類型,從而幫助使用者快速選擇合適的歌曲。面對一些簡單的分類問題,我們一般都可以處理,然而,當面對更加複雜的分類問題,尤其是資料量龐大時,我們需要藉助自動化的分類方法。本部分內容介紹了分類方法的關鍵概念,一些典型的應用場景,並詳細

描述一些分類方法,例如基於最近鄰的分類、人工神經網路等,最後討論了分類過程中可能涉及的一些問題,例如多分類和資料不平衡問題。

3.3.1 分類技術的基本概念

分類技術的作用有兩種:

(1) 歸類

將離散的資料樣本劃分到已知的類別。例如根據日常交易紀錄,將銀行帳戶信用風險等級分為低風險使用者、中風險使用者、高風險使用者。

(2) 預測

據連續資料的歷史紀錄,預測其未來的數據值,並基於預測值,判斷未來的分類。例如根據過去一週天氣的溼度資料,預測昨天 9 點的天氣溼度,並判斷天氣為晴／多雲／小雨／中雨／大雨。

分類任務的一般思路如圖 3-3 所示。將一組包含屬性及類別標籤的資料樣本(訓練資料),輸入初始狀態的分類器,分類器透過學習資料樣本的隱含規則,建立一個分類模型,該分類模型可以據未標記資料(測試資料)的屬性,判斷其分類標籤,實現對無標籤資料進行分類的目的。分類器的效能

可以透過對比預測標籤與測試資料的實際標籤進行評估。當分類器在訓練資料集和測試資料集上表現都較為良好時,稱其泛化效能較好。我們一般希望分類模型在處理未來不具標籤的樣本時具有較好的能力,而不是希望模型僅在訓練資料集上有較好的表現。

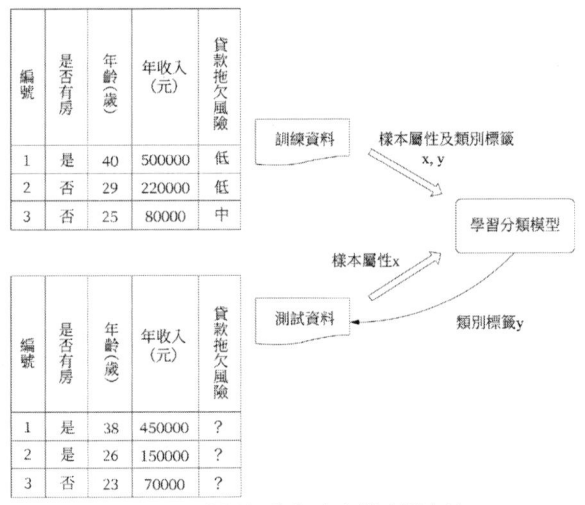

編號	是否有房	年齡(歲)	年收入(元)	貸款拖欠風險
1	是	40	500000	低
2	否	29	220000	低
3	否	25	80000	中

訓練資料 → 樣本屬性及類別標籤 x, y → 學習分類模型

編號	是否有房	年齡(歲)	年收入(元)	貸款拖欠風險
1	是	38	450000	?
2	是	26	150000	?
3	否	23	70000	?

測試資料 → 樣本屬性 x → 學習分類模型 → 類別標籤 y

圖 3-3　分類任務和建立模型的框架

3.3.2　基於最近鄰的分類

自古以來,用「近朱者赤,近墨者黑」形容人受到外在環境的影響,將產生變化,這句話沿用至今,蘊含的理念,同樣適用於分類任務。基於最近鄰的分類演算法,透過找到與未知標籤的例項相似但已知標籤的樣本,判斷該例項的類別

標籤，這個與例項相似的樣本，稱為其最近鄰居。例如：一個物品聞起來像蘋果，顏色、形狀也像蘋果，那它很可能是一顆蘋果。

如圖 3-4 所示，假設資料樣本分布在一個二維空間裡，每個樣本有 2 個屬性，對所有樣本存在 3 個類別標籤。當判斷一個未知標籤的例項的類別時，可以圍繞該樣本在空間中畫圈，不同半徑的圈，可以尋找到 k 個不同數目的鄰居，透過鄰居的類別，可以對例項進行類別判斷，當最近鄰具有多個類別時，可以採投票的方式，決定例項的類別。

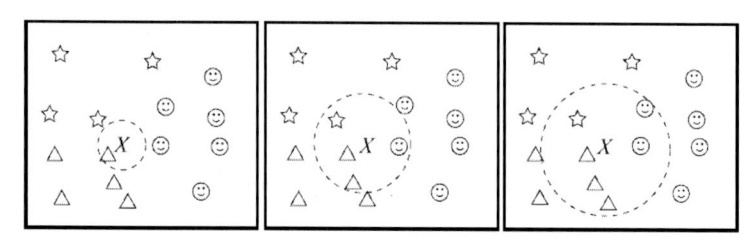

圖 3-4　例項的 1、4、6 個最近鄰

由圖 3-4 可知，對最近鄰範圍的選擇或對最近鄰個數 k 的選擇，可以影響例項最終確認的標籤。如圖 3-5 所示，當 k 值較小時，最近鄰搜尋範圍縮小，類別判斷容易受到臨近的雜訊資料影響。當 k 值較大時，最近鄰搜尋範圍擴大，容易將遠離例項的樣本納入判斷資料中，導致判斷不準確。

圖 3-5　較小 k 值和較大 k 值的最近鄰劃分

(1) k- 最近鄰演算法

k- 最近鄰演算法的基本流程如圖 3-6 所示。據訓練資料集 D 中的訓練例項 (x，y)，演算法計算測試例項 (x_t，y_t) 的 k 個最近鄰，透過最近鄰列表，判斷測試例項類別。

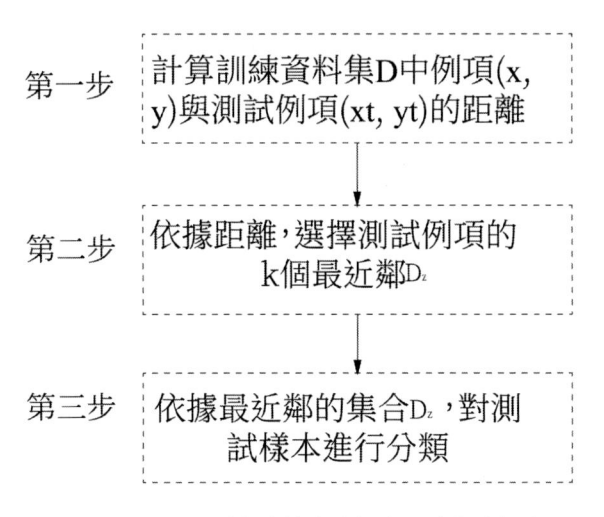

第一步：計算訓練資料集D中例項(x, y)與測試例項(xt, yt)的距離

第二步：依據距離，選擇測試例項的 k 個最近鄰 D_z

第三步：依據最近鄰的集合 D_z，對測試樣本進行分類

圖 3-6　k- 最近鄰演算法流程（單一測試例項）

$$y' = \underset{v}{\arg\max} \sum_{(x_i,\ y_i)\in D_z} w_i \times I(v = y_i) \quad (3.44)$$

在獲得了最近鄰資料集 D_z 之後，對測試例項類別的判斷，可以採用投票的方式：其中，$I(\cdot)$ 為指示符函數，當類別標籤最近鄰集合中例項標籤 y_i 等於 v 時，指示符函數返回 1，否則返回 0。當每個最近鄰對測試樣本來說同等重要時，w_i 對每個 y_i 是均等的。同樣，每個最近鄰集合中例項的權重 w_i 是可以調節的，例如可據訓練例項到測試例項的距離計算權重，進行權重投票。

（2）k-最近鄰演算法的優缺點

①優點：

一是 k-最近鄰演算法的決策邊界取決於訓練集中例項的分布，可以為任意形狀，相對於基於規則的分類方法，更加靈活，並可以透過對 k 值的調節，改變靈活度。

二是最近鄰分類器的原理較簡單，便於理解、學習和實現，引數較少。

三是由於不需要建立模型，節省了訓練模型的時間。

四是可以用於處理多分類問題，且可以用於預測問題。

②缺點：

k-最近鄰演算法是一種不需要訓練模型的分類方法，對於未知標籤的例項，需要計算其與訓練樣本中每個例項的距

離，當資料量較大、資料特徵較多時，計算量較大。

當資料集不平衡時，具有某一類標籤的樣本大量存在，其他類型標籤的樣本相對稀疏，k 個最近鄰容易覆蓋具有大量樣本的標籤樣本，導致測試例項易被判斷為大容量類別。

當資料中存在錯誤資料或雜訊資料時，k 個鄰居中若包含錯誤資料或雜訊資料，則會對分類準確性造成較大影響。

3.3.3　人工神經網路

神經網路最初的建立是用於對神經進行模擬，從而了解人的神經作用機制。人工神經網路的基礎結構是神經元（見圖 3-7），相互連線的神經元，構成了網路。為了簡化網路的構造，使其更易於理解，人們將相互連線的神經元，劃分為多個層級。人工神經網路模型應用廣泛，能處理各類分類問題，例如人臉辨識、目標檢測等。然而，人工神經網路對輸出結果的解釋有一定難度。

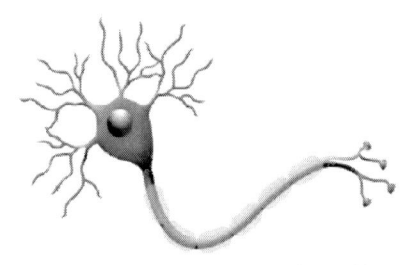

圖 3-7　生物學中的一個神經元（周志華，2016）

(1)多層神經網路

通常,一組神經元會被劃分到同一層,層與層之間逐級相連。前饋神經網路可以視為層與層之間向前傳遞訊號。當一個訊號資料進入人工神經網路,首先被輸入層接收,傳遞給一個(或多個)隱藏層,訊號在隱藏層之間進行運算處理,並傳遞到下一層作為輸入,直到輸出層輸出最終結果。

如圖 3-8 所示,訓練樣本首先從輸入層進入人工神經網路,在層與層之間,神經元的連線存在加權係數,這個係數可以用 w_{ij} 表示,即單元 j 到單元 i 的權重係數。當訊號輸送到單元 j,單元 j 透過進行激勵函數的運算,計算輸出 o_j 並傳送到下一層的連線單元。

在人工神經網路的建模過程中,需要明確的引數,包括:輸入層包含的單元數目、中間負責運算和傳遞的層的數目、中間每層的單元數目、輸出層包含的單元數目、初始權重、單元的激勵函數、訓練速率等。一個效果良好的人工神經網路模型,需要適應資料特點、透過實驗逐步調整、反覆測試,從而得出。針對不規則屬性,可以將屬性值的範圍標準化,以幫助模型的學習。

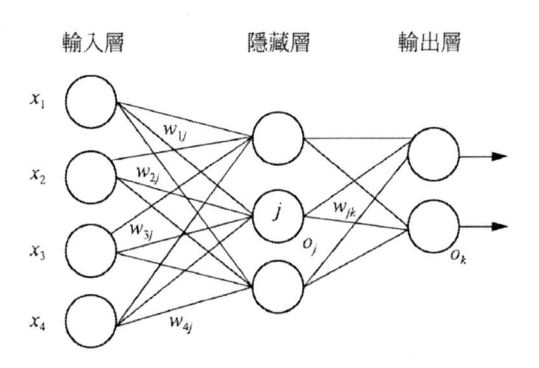

圖 3-8　前饋神經網路舉例

(2) 反向傳播的神經網路

反向傳播的神經網路與前饋神經網路的差別是，網路的權重會回送到前一層的輸出單元，基於回饋調節權值，逐步最小化網路預測和實際之間的標準差，直到權重的調節收斂停止。

反向傳播演算法的步驟如下：

① 設定人工神經網路的各個引數的初始值，例如從 -1 到 1，隨機生成數值作為權重初始值。

② 對訓練資料中的每個例項，執行以下操作：

a. 對網路中的單元進行處理，輸出值向前傳播。

b. 輸出層輸出結果產生的誤差，向後傳播回到上一層。

c. 調整權值及偏置，回到第 a 步重複，直到終止條件滿足。

步驟 c 向前傳播的具體操作包括：

輸入層中每個單元的輸出值等於其輸入值，例如單元 j 的輸出值等於輸入值：$O_j=I_j$，對於隱藏層的單元 j，其輸入值為：

$$I_j = \sum_i w_{ij} o_i + \theta_j \qquad (3.45)$$

其中，w_{ij} 代表網路中靠前一層的單元 i 與當前層單元 j 連線的權重係數，o_i 是單元 i 的輸出值，θ_j 表示本層單元的偏置。

當選擇邏輯激勵函數作為單元計算方法時，對於給定的輸入值 I_j，輸出值為：

$$O_j = \frac{1}{1+e^{-I_j}} \qquad (3.46)$$

該激勵函數可以將較大範圍的輸入值對應到較小的區間，較為常用的激勵函數有幾種，如線性函數、S 形函數、雙曲正切函數、符號函數（見圖 3-9）等。

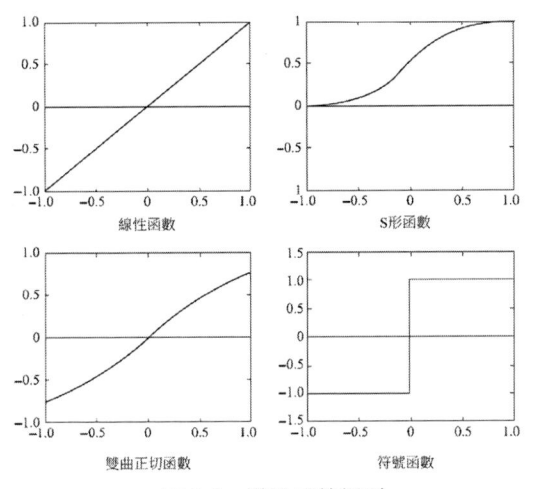

圖 3-9　激勵函數類型

步驟 c 向後傳播誤差的具體操作包括：

計算誤差 Err_j：

$$Err_j = O_j(1-O_j)(T_j-O_j) \qquad (3.47)$$

其中，O_j 是單元 j 的輸出值，T_j 是單元 j 基於給定訓練資料的一致標號的真正輸出值，$O_j(1-O_j)$ 是邏輯激勵函數的導數。

對於隱藏層的單元 j，其誤差為：

$$Err_j = O_j(1-O_j)\sum_k Err_k w_{kj} \qquad (3.48)$$

其中，w_{kj} 代表網路中靠前一層的單元 k，與當前層單元 j 連線的權重係數，Err_k 表示前一個單元 k 的誤差。

基於更新 Err_k 連線權重：

$$\Delta w_{ij} = (l)\, Err_j O_i \qquad (3.49)$$

$$w_{ij} = w_{ij} + \Delta w_{ij} \qquad (3.50)$$

其中，Δw_{ij} 是權重 w_{ij} 的變化，變數 l 是學習率，用於調節權重改變的幅度，通常介於 0 和 1 之間，學習率的調節有利於避免權重陷入區域性過適。

基於 Err_k 更新單元偏置：

$$\Delta \theta_j = (l)\, Err_j \qquad (3.51)$$

$$\theta_j = \theta_j + \Delta \theta_j \qquad (3.52)$$

其中，$\Delta \theta_j$ 是偏置 θ_j 的變化。

3.3.4　支援向量機

支援向量機是一種使用決策邊界來進行判斷的機器學習模型，由於其對複雜分類邊界的建模能力較強，並具有良好的分類準確率，被廣泛應用於很多實際領域，例如個性化推薦系統、數位辨識、目標辨識等。

我們可以透過一個具體例子，了解支援向量機的原理。假設在一個二維空間進行類別劃分（見圖 3-10），圖中兩類圖

形（圓形和方塊）分別代表兩類樣本，我們可以透過找到一條線或多條線，將兩類樣本分離開來，所找到的線，就是決策邊界。在多元空間中，同樣可以嘗試找到超平面作為決策邊界。支援向量機的邏輯，是搜尋並選擇最佳的分割邊界。

如何確認超平面是最佳的？以圖 3-10 中的超平面 B 為例，將 B 在其左側和右側平行移動，分別觸及兩類樣本距離 B 最近的兩個例項，可以得到兩個邊界 B_1 和 B_2，這兩個平面稱為 B 的邊界超平面。B_1 和 B_2 之間的距離，被稱為 B 的間隔。一個分割超平面的間隔越大，代表其分類決策的泛化效能越好；間隔越小，貼近超平面的新的例項越容易被分為另一類，造成結果不準確。

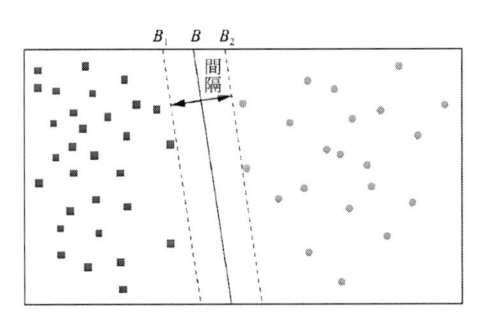

圖 3-10　二維空間中的決策邊界（超平面）

(1) 線性支援向量機

線性支援向量機旨在尋找具有最大間隔的決策邊界，其基本邏輯如下：

首先,線性的決策邊界可以用線性方程式表示:

$$wx+b=0 \qquad (3.53)$$

其中,x 表示橫座標,w 和 b 表示引數。如圖 3-11 所示,可以用 -1 和 1 分別表示方塊和圓形的分類標籤,當一個例項 z 落在 B_2 上方時,wz+b>1;當例項落在 B_1 下方時,wz+b<1。調整引數 w 和 b,決策邊界隨之調整。

透過計算可以發現,間隔 d 的值等於 $\frac{2}{\|w\|}$。

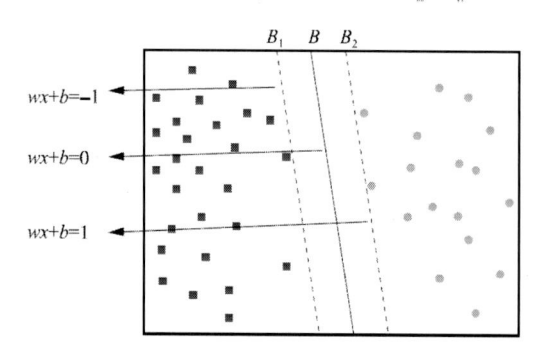

圖 3-11　決策邊界的方程式表示

間隔 d 的計算推導,簡單表述如下:

如圖 3-12 所示,在 B1 和 B2 上分別找兩個數據點 x1,x2,使 x1w+b=-1,x_2w+b=1,兩個等式相減,可得 (x_2-x_1) w=2,x_1 和 x_2 之間的連線與 d 之間的角為 θ,由餘弦計算公式 $\cos\theta = \frac{w \cdot (x_1-x_2)}{\|w\| \|x_1-x_2\|}$ 得出 $\cos\theta \|w\| \|x_1-x_2\| = 2$,又由於 $\cos\theta \|x_1-x_2\| = d$,可以得到 $\|w\| d = 2$,即 $d = \frac{2}{\|w\|}$。

(2) 軟間隔支援向量機

如圖 3-13 所示，當不同類型的例項不能透過線性分割邊界劃分時，仍需要尋找較佳的決策邊界。此時，可以允許決策邊界在對邊界附近的例項進行分類時存在一定錯誤，同時對距離邊界較遠的例項，仍保持較高的分類準確率。

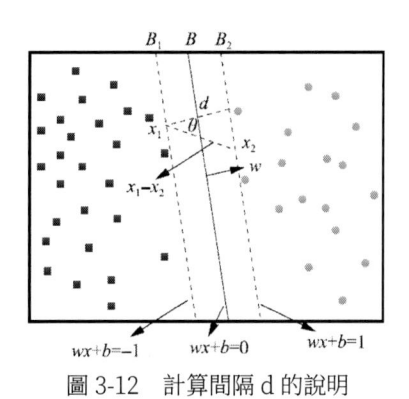

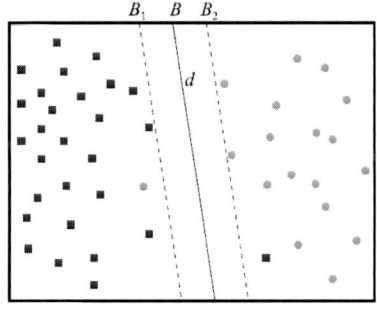

圖 3-12　計算間隔 d 的說明

圖 3-13　軟間隔範例

當允許分割的超平面存在訓練錯誤時，我們將分割的間隔，例如 B_1 和 B_2 稱為軟間隔，SVM 模型學習的目標，是

找到分割間隔寬度最大與錯誤分類率最低的平衡，該目標可以透過在訓練目標中引入鬆弛變數實現，目標函數為：$\min \frac{1}{2}\|w\|^2 + C(\sum_{i=1}^{N}\xi_i)^k$，其約束為 $y_i(wx_i+b) \geq 1-\xi_i (i=1, 2, \cdots, N)$，其中，模型訓練者可以指定 C 和 k 的引數值，對訓練誤差實施不同程度的懲罰。

3.3.5 組合分類方法

分類方法在應用場景中，又可稱為分類學習器。如果單一分類學習器的分類結果僅稍稍優於隨機選擇類別的結果，那我們稱之為「弱分類學習器」。反之，如果單一分類學習器能夠達到較高的準確性，則稱其為「強分類學習器」。儘管對機器學習問題而言，準確性的小幅提升，就能為決策帶來十分顯著的好處，但許多情況下，單一弱分類學習器並不能滿足人們的實際需求。所謂「眾人拾柴火焰高」，除了改進單一分類學習器的演算法，我們還可以使用組合分類的方式獲得精確度更高、穩健性更強的模型。

所謂組合分類，顧名思義，就是透過一定的組合方式，將多個弱分類器的預測結果結合起來，使模型獲得更加優異的泛化效能。因此，基於資料處理、建構組合分類學習器，可以大致分為三個階段（見圖 3-14），第一階段是建立多個子資料集；第二階段是基於子資料集，訓練多個基分類學習器；

第三階段則是採取一定的組合方式,將基分類學習器的預測結果組合起來,並輸出最終結果。此外,對資料特徵進行取樣,同樣可以用於建立多個基分類學習器。

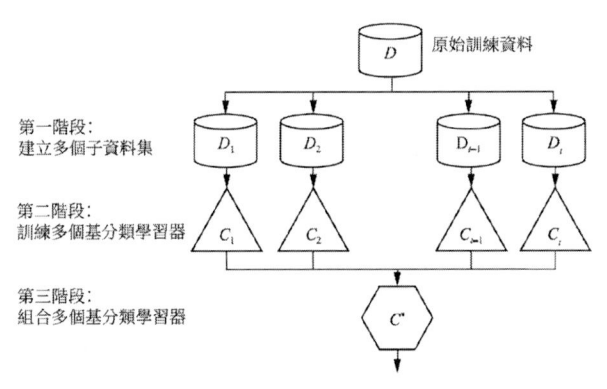

圖 3-14 組合分類學習器示意圖

生活中,我們往往透過投票和「少數服從多數」原則進行決策,這種方式對組合分類問題同樣適用。投票法是最常用的組合方式,將基分類學習器的預測結果進行統計,並選擇結果的眾數,作為最終輸出結果。

舉個簡單的例子,假設當前有 25 個相互獨立的基分類學習器,每個基分類學習器的預測誤差為 ε_c=0.35,如果有 13 個分類學習器的分類結果是正確的,剩餘分類學習器的預測結果是錯誤的,則組合分類學習器的誤差 ε_c 是:

$$\sum_{i=13}^{25} (25)\varepsilon^i(1-\varepsilon)^{25-i} = 0.035 \qquad (3.54)$$

顯而易見，組合分類學習器的錯誤率，遠小於單一分類學習器。

我們將該結論推廣到更一般化的情況，假設有 T 個相互獨立的基分類學習器，每個基分類學習器的預測誤差為 ε，組合分類學習器的預測誤差為 ε_c，於是可以計算：

$$\sum_{i=0}^{T} \binom{T}{i} \varepsilon^i(1-\varepsilon)^{T-i} \qquad (3.55)$$

根據霍夫丁不等式（Hoeffding's inequality）：

$$\sum_{i=0}^{T} \binom{T}{i} \varepsilon^i(1-\varepsilon)^{T-i} \leqslant e^{-T(1-2\varepsilon)^2} \qquad (3.56)$$

當單一基分類學習器的誤差 $\varepsilon<0.5$ 時，在組合中加入更多基分類學習器，會有利於最終分類錯誤率以指數級的速度下降。當然不可忽略，上式成立的前提條件是基分類學習器相互獨立，且基分類學習器的準確率比隨機預測的分類學習器高。

引導聚焦演算法（Bagging）和提升法（Boosting）是兩大類分類學習器的組合方法。引導聚焦演算法又稱套袋法或自助法，這種方法並行生成多個分類學習器，並採使用又放回

的取樣方法,透過提升基分類學習器的獨立性和穩定性,改善分類學習器的泛化效能。

隨機森林是引導聚焦演算法的一個經典代表。顧名思義,很多樹組成森林,多個決策樹組成隨機森林。在每一次預測的過程中,單一決策樹可以生成一個分類結果,多個決策樹的結果,可以透過投票法或平均法進行結合,得到最終分類結果。此外,隨機森林在樹的節點採用一組隨機選擇的屬性中的最佳屬性,所以也結合了基於屬性的組合模型建構思想。

在單一子決策樹的訓練過程中,決策樹葉子的數目、葉子內最小樣本數、資料樣本取樣的比重、屬性取樣的比重等引數,決定了子決策樹的訓練結果。

提升法是一種序列整合方法,其代表演算法有 AdaBoost、GBDT、XGBoost 等。提升方法採用序列策略訓練決策樹,後續訓練的決策樹,針對前期訓練的決策樹的誤差進行訓練,如此循環迭代,直到最後,訓練的模型能夠最大限度地降低誤差,便不再增加模型數量。

自適應增強(AdaBoost)是最著名的提升法,也是理解提升法的最佳起點。其自適應能力展現在:後續訓練的分類學習器,會分配更多權重給錯誤分類的樣本,同時弱分類學習器的權重,會據分類表現進行調節。在完成各個弱分類學習器的訓練之後,分類誤差較小的弱分類學習器,將掌握更大的話語權。

3.4 聚類分析方法與實踐

對於航空公司的客戶經理，客戶關係管理是他們重要的工作內容之一。客戶關係管理的核心內容，是將客戶資料集中的資料進行劃分，根據客戶特徵，如年齡、性別、最近消費時間、消費頻率等，將特徵相似的客戶放在一起，構成一個客戶群，然後，根據客戶群類型，推出不同的銷售策略。那麼，什麼類型的資料探勘工具可以完成上述客戶細分工作呢？上一節講到的分類技術，可以對資料進行分類，但與分類不同，客戶資料集中的資料沒有類別標號，所以沒有先驗知識可以參考。這時，可以採用聚類分析技術來解決客戶細分問題 (范明，孟小峰，2012)。

3.4.1 聚類分析的定義

聚類分析 (cluster analysis) 也稱聚類 (clustering)，是將資料集中的所有資料 (或對象) 劃分為多個簇 (cluster，也稱集群) 的過程 (Jain & Dubes，1988)，其中簇劃分的依據是資料 (或對象) 的相似性。相似資料 (或對象) 所構成的集合就是簇；簇的集合就是一個聚類。聚類分析的結果是相似度高的資料盡可能在同一個簇，相似度低的資料盡可能不在同一個簇 (Das，Abraham & Konar，2007)。將不同的聚類技術運用在同一個資料集上，所產生的聚類結果也會不同 (Jain，2010)。聚類

3.4 聚類分析方法與實踐

分析是有價值的,可以作為一個獨立的方法,獲取資料中潛在的模式,觀察每個簇中資料的特徵,並對特定的簇進行深入分析。同時,聚類分析還可以作為其他資料科學技術方法中資料的預處理步驟(周志華,2016)。

作為統計學、電腦科學、數學等學科的交叉學科,聚類分析已經獲得廣泛的研究和應用,應用領域包括工程、零售、金融、生物資訊、醫學等(Brandes,Gaertler & Wagner,2008;DosSantosetal.,2019;Majumdar & Laha,2020;Pun & Stewart,1983)。在機器學習領域中,分類是一種有監督學習,因為資料集中的資料預先定義了類別標號,在學習過程中,可以根據類別標號預測新資料的隸屬關係(Cherkassky & Mulier,2009)。不同於分類,聚類分析是一種無監督學習法,資料集中的資料沒有預先定義的類別標號,透過無標號資料集的學習過程,發現資料的潛在性質和規律(Cherkassky & Mulier,2009;Jain,2010)。

現有的聚類分析技術種類繁多,很難對其進行簡單的分類,因為這些類別可能會有重疊,從而使一種聚類分析技術具備多個類別的特性(Berkhin,2006;Jain,Murty & Flynn,1999)。雖然將聚類分析技術進行分類是一項繁重的任務,但為了深入理解現有的聚類分析技術,相對清晰的劃分仍然十分必要。本章以劃分方法、層次方法和基於密度的方法為基礎,主要介紹三種簡單但重要的聚類分析技術:K-平均、K-中心點、凝聚和分裂的層次聚類、DBSCAN(范明,范鋐建,2011;

高麗榮，2012）。以上三種聚類方法將在 3.4.3、3.4.4 和 3.4.5 詳細介紹。

3.4.2 相似性度量方法

兩個資料（或對象）之間的相似或不相似度，是重要的聚類指標（Mehta，Bawa & Singh，2020；Rokach & Maimon，2005）。根據資料之間的相似性程度，將相似度高的資料聚在一起，將相似度低的資料盡量分開。

相似性和相異性都稱為鄰近性（proximity）（Mehta et al.，2020），是具有對立性的概念。例如在航空公司客戶群中，如果兩名客戶非常相似，則他們的相似性度量值會接近 1；相反，他們的相異性度量值就會接近 0。在聚類分析中，資料之間的相似性可以透過計算資料之間的距離來衡量（Ahmad & Khan，2019）。兩個資料之間的距離越大，表示兩個樣本越不相似，差異越大；兩個樣本之間的距離越小，表示兩個樣本越相似，差異越小。特例是，當兩個樣本之間的距離為零時，表示兩個樣本完全一樣，無差異。通常，資料之間的距離是在資料的描述屬性（特徵）上進行計算的。在不同應用領域，資料的描述屬性類型可能不同，因此相似性的計算方法也不盡相同。以下我們來討論連續型屬性（如重量、高度、年齡等）、二值離散型屬性（如性別、考試是否通過等）、多值離

散型屬性（如收入分為高、中、低等）和混合類型屬性（上述類型的屬性至少同時存在兩種）四種屬性類型相似性的度量方法（Gan，Ma & Wu，2020；Han，Pei & Kamber，2011）。

(1) 連續型屬性的相似性度量方法

有資料點 X_i 和 X_j，其中 $X_i = (X_{i1}, X_{i2}, \ldots, X_{ip})$，$X_j = (X_{j1}, X_{j2}, \ldots, X_{jp})$，p 是資料維度，且每個維度都是連續的。在計算連續型屬性的相似度方法中，歐幾里得距離是最流行的方法（Gan et al.，2020）。資料點 X_i 和 X_j 的歐幾里得距離定義為：

$$d(i, j) = \sqrt{(X_{i1} - X_{j1})^2 + (X_{i2} - X_{j2})^2 + \cdots + (X_{ip} - X_{jp})^2}$$
$$= \sqrt{\sum_{k=1}^{p} (X_{ik} - X_{jk})^2}$$

（3.57）

另外一個常用的度量方法是曼哈頓距離，也稱「城市街區距離」（Gan et al.，2020；Mehta et al.，2020），其定義如下：

$$d(i, j) = |X_{i1} - X_{j1}| + |X_{i2} - X_{j2}| + \cdots + |X_{ip} - X_{jp}| = \sum_{k=1}^{p} |X_{ik} - X_{jk}|$$

（3.58）

明科夫斯基距離（明氏距離）也是一個常用的度量方法（Mehta et al.，2020），定義如下：

$$d(i,j) = \sqrt[q]{|X_{i1}-X_{j1}|^q + |X_{i2}-X_{j2}|^q + \cdots + |X_{ip}-X_{jp}|^q}$$
$$= \sqrt[q]{\sum_{k=1}^{p}|X_{ik}-X_{jk}|^q}$$

（3.59）

其中，q 是實數，q ≥ 1。值得注意的是，曼哈頓距離是式 (3.59) 中 q=1 的特殊情況；歐幾里得距離是式 (3.59) 中 q=2 的特殊情況 (Mehta et al.，2020)。兩個資料之間的距離越小，代表它們的相似度越高，被聚在一簇的機率越大。

(2) 二值離散型屬性的相似性度量方法

二值離散型屬性只包括兩個取值。例如描述體檢指標陰陽性時，取值 1 表示陽性，取值 0 表示陰性。有資料點 X_i 和 X_j，其中 $X_i=(X_{i1}, X_{i2}, \ldots, X_{ip})$，$X_j=(X_{j1}, X_{j2}, \ldots, X_{jp})$，p 是資料維度，且每個維度都是二值離散型數值。假設二值離散型屬性的兩個取值（0 和 1）具有相同的權重，那可以得到一個可能性矩陣 (Gower，1971)，如表 3-4 所示。

表 3-4　可能性矩陣

	1	0	總計
1	a	b	a+b
0	m	n	m+n
總計	a+m	b+n	

在可能性矩陣中，a 代表資料點 X_i 和 X_j 中屬性同時為 1 的個數，b 代表資料點 X_i 的屬性值為 1 而資料點 X_j 的屬性值為 0 的個數，m 代表資料點 X_i 的屬性值為 0 而資料點 X_j 的屬性值為 1 的個數，n 代表資料點 X_i 和 X_j 的屬性值同時為 0 的個數。

對一個資料集而言，對稱的二值離散型屬性是指屬性值為 0 或 1，不存在差異性 (Rokach & Maimon, 2005)，如成年 (年齡≥ 18 歲) 與未成年 (年齡 <18 歲)。用 0 表示未成年，用 1 表示成年；或用 0 表示成年，用 1 表示未成年，這兩種賦值方式沒有差異。反之，如果屬性值為 0 和 1 存在差異，則稱為不對稱的二值離散型屬性 (Rokach & Maimon, 2005)。體檢指標就是不對稱的二值離散型屬性的例子，顯然陽性比陰性更為重要。

簡單匹配係數 (Simple Matching Coefficients, SMC) 被用來計算具有對稱的二值離散型屬性的資料點之間的距離 (王菲菲, 2017；趙鑫龍, 2017；Kaufman & Rousseeuw, 2009)，即 SMC= (b+m) / (a+b+m+n)。SMC 越小，代表資料點 X_i 和 X_j 相似度越大。Jaccard 係數 (Jaccard Index, JC) (Rokach & Maimon, 2005) 被用來計算具有不對稱的二值離散型屬性的資料點之間的距離，即 JC= (b+m) / (a+b+m)。同樣，JC 越小，代表資料點 X_i 和 X_j 相似度越大。

(3) 多值離散型屬性的相似性度量方法

多值離散型屬性是指屬性值個數大於 2 的離散屬性 (趙鑫龍，2017)。如學歷可以分為高中以下、高中、大學生、碩士生和博士生 5 個層級。有資料點 X_i 和 X_j，其中 $X_i = (X_{i1}, X_{i2}, \cdots\cdots, X_{ip})$，$X_j = (X_{j1}, X_{j2}, \cdots\cdots, X_{jp})$，p 是資料維度，且每個維度都是多值離散型數值。運用簡單匹配法和 Jaccard 方法計算兩個資料點之間的距離 (Gan et al.，2020)。存在包含 4 個樣本、具有 3 個多值離散型屬性的資料集，如表 3-5 所示。

表 3-5　資料集

樣本序號	P1	P2	P3
X1	A	X	H
X2	A	Y	L
X3	B	O	M
X4	C	X	H

簡單匹配方法：

簡單匹配方法中距離的計算公式為

$$dist(X_i, X_j) = \frac{D-S}{D} \quad (3.60)$$

其中，D 為資料集中的屬性個數，S 為樣本 X_i 和 X_j 取值相同的屬性個數。dist (X_i, X_j) 越小，代表兩個資料點的相

似度越大。經計算得到 dist $(X_1, X_2) = (3-1)/3=2/3$,dist $(X_1, X_3) = (3-0)/3=1$,dist $(X_1, X_4) = (3-2)/3=1/3$。顯然,X_1 與 X_4 的相似度最大。

Jaccard 方法:

將資料集中多值離散型屬性轉換為二值離散型屬性(見表 3-6),然後使用 Jaccard 係數計算資料點之間的相似度(趙鑫龍,2017;Rokach & Maimon,2005)。

表 3-6 多值離散型屬性轉換為二值離散型屬性

樣本序號	A	B	C	X	Y	O	H	L	M
X1	1	0	0	1	0	0	1	0	0
X2	1	0	0	0	1	0	0	1	0
X3	0	1	0	0	0	1	0	0	1
X4	0	0	1	1	0	0	1	0	0

(4) 混合類型屬性的相似性度量方法

在現實資料集中,資料的描述屬性通常是各種屬性類型的混合。在處理混合類型屬性資料集時,需要將連續型屬性和離散型屬性分開進行預處理。對於連續型屬性,需要將資料標準化到 0 和 1 之間。對於離散型屬性,如果存在多值離散型屬性,需要將其轉換為二值離散型屬性;如果不存在多值離散型屬性,則無須處理。最終,經過預處理的資料集中只包含二值離散型屬性和連續型屬性(王倩,2017;Gower,

1971；Rokach & Maimon，2005）。

有預處理後的資料點 Xi 和 Xj，其中 Xi=（Xi1，Xi2，……，Xip），Xj=（X_{j1}，X_{j2}，……，X_{jp}），p 是資料維度，每個維度是連續型屬性或二值離散型屬性。資料點之間的距離計算公式為：

$$d(X_i, X_j) = \frac{\sum_{k=1}^{p} \delta_{ij}^{(k)} d_{ij}^{(k)}}{\sum_{k=1}^{p} \delta_{ij}^{(k)}} \quad (3.61)$$

其中，d（k）表示 Xi 和 Xj 在第 k 個屬性上的距離（趙鑫龍，2017），取值為：

$$d_{ij}^{(k)} = \begin{cases} |X_{ik} - X_{jk}| & \text{當第k個屬性為連續型} \\ 0 & \text{當第k個屬性為二值離散型，且 } X_{ik} = X_{jk} \\ 1 & \text{當第k個屬性為二值離散型，且 } X_{ik} \neq X_{jk} \end{cases} \quad (3.62)$$

$\delta_{ij}^{(k)}$ 表示第 k 個屬性對計算 X_i 和 X_j 距離的影響。如果資料點 X_i 或資料點 X_j 沒有第 k 個屬性的度量值，即 X_{ik} 或 X_{jk} 丟失，則 δ（k）=0；如果資料點 Xi 和資料點 Xj 第 k 個屬性為不對稱的二值離散型屬性，且取值為 0，則 $\delta_{ij}^{(k)}$ =0；除以上情況外，$\delta_{ij}^{(k)}$ =1（趙鑫龍，2017）。

3.4.3 劃分方法

劃分方法是在給定的 n 個樣本資料集 D 及生成 k 個簇的情況下,將資料集組織為 k 個劃分 ($k \leq n$),一個簇就是一個劃分。劃分的結果是高度相似的資料在同一個簇,高度相異的資料在不同的簇。K- 平均演算法和 K- 中心點演算法是劃分方法的兩個代表 (Saxena et al.,2017)。

(1) K- 平均演算法

K- 平均演算法是將包含 n 個樣本的資料集 D= $\{o_1$,o_2,……,$o_n\}$ 劃分成 K 個簇 C_1,C_2,……,C_K,使 Cx ∩ Cy=ϕ ($1 \leq x,y \leq K$),m_x 是簇 C_x 的中心。K- 平均方法是用簇 Ci 中資料點的平均值代表該簇。資料點 $o_i \in C_i$ 與該簇的中心 m_i 之間的相似度,用歐幾里得距離 dist(o_i,m_i) 度量。簇 C_i 的質量可以用 C_i 中資料點與簇中心 m_i 之間的誤差項平方和 SSE 度量 (Forgey,1965;MacQueen,1967)。SSE 可以表示為

$$SSE = \sum_{x=1}^{K} \sum_{o_i \in C_x} dist(o_i,m_x)^2 \qquad (3.63)$$

在 SSE 達到最佳時,K- 平均演算法使簇內聚類結果集中,簇間聚類結果分離 (荊永菊,2012),K- 平均演算法的過程,如表 3-7 所示。

表 3-7　K- 平均演算法的過程

輸入：資料集 D、簇個數 K	
輸出：劃分的 K 個簇	
開始	①從資料集 D 中任意選擇 K 個資料點作為初始化中心
	②計算每個資料點與簇中心的距離，並將每個資料點劃分到最近的簇中
	③計算每個簇的平均值，更新簇中心
	④重複步驟②和③，直到滿足終止條件
結束	

利用 K- 平均演算法對資料進行聚類。給定如表 3-8 所示的資料集，利用 K- 平均演算法將其聚為 2 類，聚類結果如圖 3-15 所示，結果簇為 {1，2，7，8} 和 {3，4，5，6，9，10}，簇中心分別為 (0.2125，0.3575) 和 (0.795，0.725)。

表 3-8　資料集

樣本	屬性 1	屬性 2	樣本	屬性 1	屬性 2
1	0.30	0.28	6	0.95	0.73
2	0.12	0.27	7	0.28	0.54
3	0.91	0.82	8	0.15	0.34
4	0.62	0.42	9	0.75	0.83
5	0.54	0.53	10	1.00	1.00

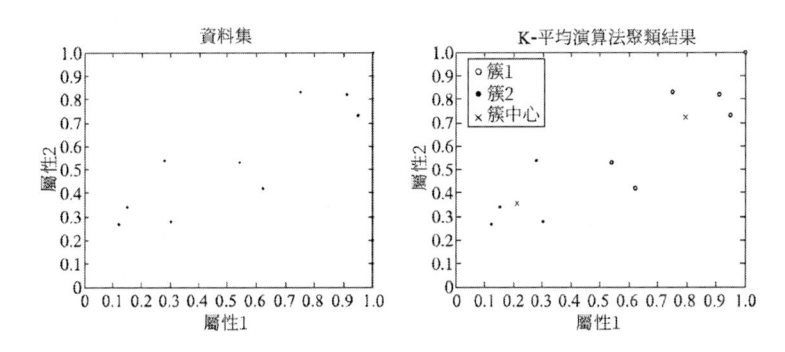

圖 3-15　K- 平均聚類結果

K- 平均演算法執行簡單，計算複雜度低，較能發現球形簇。但是，需要事先給定簇數目 K，且對簇中心的初始化非常敏感，對雜訊點和離群點也很敏感 (Wu et al.，2008)。

(2) K- 中心點演算法

由於 K- 平均演算法對雜訊點和離群點很敏感，當資料集中存在這樣的點時，聚類結果的準確率會大幅降低。給定表 3-8 所示的資料集，利用 K- 平均演算法將其聚為 2 個簇，結果簇為 $\{1，2，7，8\}$ 和 $\{3，4，5，6，9，10\}$，SSE 為 0.4756。若將樣本 10 作為異常點處理，再次利用 K- 平均演算法將其聚為 2 個簇，結果簇為 $\{3，6，9\}$ 和 $\{1，2，4，5，7，8\}$，SSE 為 0.3082。由此可見，當資料集中存在異常點時，簇中心會受到異常點的影響而偏離簇中的樣本點，從而降低聚類結果的品質。

為了減少異常點對聚類結果品質的負向影響，可以使用 K- 中心點演算法 (Park & Jun，2009)。K- 中心點演算法是從資料集中找到代表資料結構特徵的 K 個資料點作為簇中心 (Rdusseeun & Kaufman，1987)，其餘資料點據相似度劃分到相應的簇中。與 K- 平均演算法不同，K- 中心點演算法使用曼哈頓距離來計算樣本點之間的距離，因此對異常點的穩健性更高 (Khatami et al.，2017)。

　　當 K 是正整數且大於 3 時，用 K- 中心點演算法進行聚類，是一個 NP ── 非確定性多項式問題 (Falkenauer，1998)。因此，需要一種方法來實現 K- 中心點演算法，圍繞中心點劃分 (Partitioning Around Medoids，PAM) 演算法，就是這種方法 (Kaufman & Rousseeuw，2009)。PAM 演算法與 K- 平均演算法一樣隨機從資料集中選擇初始簇中心。然後，選一個非簇中心點來替換簇中心，替換標準是新的簇中心能夠提升聚類品質。當所有的替換完成或聚類品質不再最佳化，演算法停止迭代。PAM 演算法過程如表 3-9 所示。可以運用資料點與其簇中心的平均相似度函數 C 來估計聚類品質 (張憲超，2017；Zadegan，Mirzaie & Sadoughi，2013)，C 表示為：

$$C = \sum_{x=1}^{K} \sum_{o_i \in C_x} dist(o_i, o_j)^2 \qquad (3.64)$$

表 3-9　PAM 演算法過程

輸入：資料集 D、簇個數 K	
輸出：劃分的 K 個簇	
開始	（1）從資料集 D 中任意選擇 K 個資料點作為初始化中心
	（2）對於每個簇中心和資料集 D 中的每個資料點 oi
	①計算每個資料點與簇中心的距離，並將每個資料點劃分到最近的簇中
	②隨機選擇一個非簇中心的資料點 or，計算 or 代替簇中心的平均相似度函數 C
	③如果 C<0，則用 or 代替簇中心，形成新的簇中心集合
	（3）重複步驟（2），直到資料點的劃分沒有變化為止
結束	

利用 K- 中心點演算法對資料進行聚類。給定如表 3-8 所示的資料集，利用 K- 中心點演算法，將其聚為 2 類。聚類結果如圖 3-16 所示，結果簇為 {1，2，4，5，7，8} 和 {3，6，9，10}，其中樣本點 1 和 3 為簇中心，C 為 0.4446，優於 K- 平均演算法的 0.4756。

圖 3-16　K- 中心點演算法聚類結果

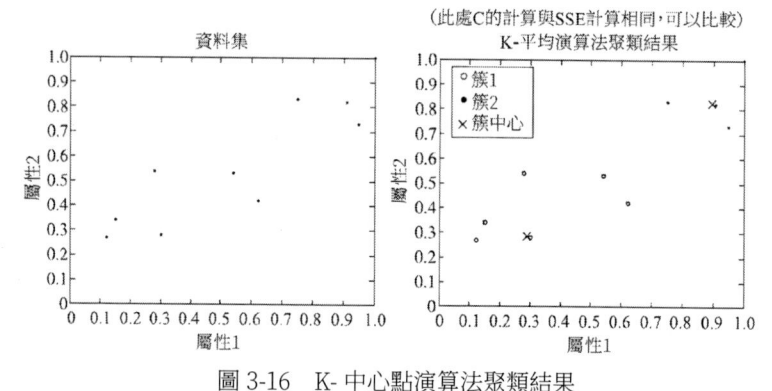

如果資料集中存在異常點，則 K- 中心點演算法較 K- 平均演算法更具穩健性，對這些異常點不敏感。但是，K- 中心點演算法的計算更為複雜，同樣也需要事先給定簇數目 K。

3.4.4　層次方法

層次方法是將資料劃分成層次結構或倒「樹」狀結構。層次方法可以由樹葉方向朝著樹根方向進行聚類──自底向上。這種形式的聚類方法是凝聚的層次聚類（Murtagh，1983；Pérez-Suárez，Martínez-Trinidad & Carrasco-Ochoa，2019）。將每個樣本點作為一個獨立的簇，然後次合併相似的樣本或簇，直至所有樣本或簇被合併為一個大簇或達到預設終止條件為止。典型凝聚的層次聚類演算法為 AGNES（Agglomerative Nesting）。相反，層次方法也可以由樹根方向朝著樹葉方向進行

聚類——自頂向下。這種形式的聚類方法是分裂的層次聚類（Murtagh，1983；Pérez-Suárez et al.，2019）。將所有樣本作為一個簇，然後，將這個簇劃分為小簇，直到所有的樣本單獨為一個簇或達到預設終止條件為止。典型分裂的層次聚類演算法為 DIANA（Divisive Analysis）（Kaufman & Rousseeuw，2009）。

(1) 凝聚和分裂的層次聚類

圖 3-17 展示了 AGNES 演算法和 DIANA 演算法。給定一個包含 6 個樣本 {A，B，C，D，E，F} 的資料集。對 AGNES 演算法而言，將每個樣本作為一個單獨的簇，然後將相似的樣本或簇進行合併，如將樣本 A、B 與 C、D 和 E 分別合併在一起，直到 6 個樣本被合成一個大簇。DIANA 演算法的操作流程和 AGNES 演算法相反，將所有樣本作為一個簇，然後，將這個簇劃分為小簇，如將簇 {A，B，C，D，E，F} 分裂為 {A，B，C} 和 {D，E，F}，直到所有的樣本單獨為一個簇。最後，根據預設的 K 值，選擇不同層級的聚類結果。假如 K=3，則聚類結果為 {A，B，C}、{D，E} 和 {F} 三個簇。

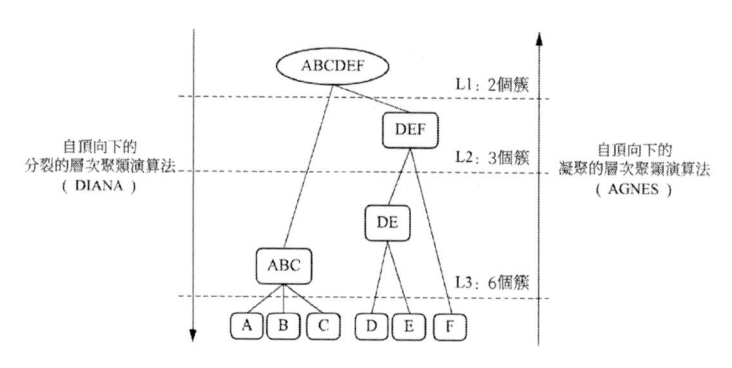

```
                    ABCDEF
                  /        \
                 /          DEF          L1: 2個簇
                /          /   \
自頂向下的      /          /     \                    自頂向下的
分裂的層次聚類演算法      /       DE      L2: 3個簇    凝聚的層次聚類演算法
   (DIANA)    /        /  \                       (AGNES)
            ABC      /    \
           / | \    /      \         L3: 6個簇
          A  B  C  D   E    F
```

圖 3-17　AGNES 演算法和 DIANA 演算法示意圖

(2) 層次方法的距離計算

在層次聚類中，簇的合併和分裂的準則，取決於兩個簇之間的距離。常見簇間距離度量為最小距離、最大距離、平均值距離和平均距離（范明，孟小峰，2012；Xu & Wunsch，2005）。給定包含 n 個樣本的資料集 D= $\{o_1, o_2, \cdots\cdots, o_n\}$，劃分成 K 個簇 $C_1, C_2, \cdots\cdots, C_K$。$o_i$ 和 o_j 是資料集中的任意兩個樣本，C_i 和 C_j 是 o_i 和 o_j 所在的簇，n_i 和 n_j 是 C_i 和 C_j 中樣本點的個數，4 種距離計算如下：

最小距離：$dist(C_i, C_j) = \min\limits_{o_i \in C_i, o_j \in C_j} |o_i - o_j|$　　　　　（3.65）

最大距離：$dist(C_i, C_j) = \max\limits_{o_i \in C_i, o_j \in C_j} |o_i - o_j|$　　　　　（3.66）

均值距離：$dist(C_i, C_j) = |o_i - o_j|$　　　　　（3.67）

平均距離：$dist(C_i, C_j) = \dfrac{1}{n_i n_j} |o_i - o_j|$　　　　　（3.68）

當用一個簇中任意一點與另一個簇中任意一點的最小距離來度量這兩個簇間距時，如果聚類程序因這個最小距離超過預先設定的邊界值而終止，稱此方法為單連接演算法 (Mehta et al.，2020；Sneath，1957)。凝聚方法就是採用單連接演算法。當用一個簇中任意一點與另一個簇中任意一點的最大距離來度量這兩個簇間距時，如果聚類程序因這個最大距離超過預先設定的邊界值而終止，稱此方法為全連接演算法 (Mehta et al.，2020)。根據最小距離和最大距離的定義可知，這兩種距離的計算方法，對雜訊點或離群點很敏感。為減少這些異常點對聚類結果品質的反向影響，可以使用平均值距離或平均距離來替代上述兩種距離 (Mehta et al.，2020；Svvorensen，1948)。

凝聚和分裂的層次聚類演算法執行簡單，能夠產生較高品質的簇。但是凝聚的層次聚類演算法有可能遇到合併點選擇困難的情況；分裂的層次聚類演算法有可能遇到一旦分裂、不可撤銷的情況。因此，在進行層次聚類前，可先使用其他技術進行部分聚類，這樣凝聚和分裂存在的問題就可以得到緩解。

3.4.5　基於密度的方法

基於密度的方法，定義為由密度稀疏區域進行分隔的方法 (Angelova，Beliakov & Zhu，2019；Ester et al.，1996)。如果一個

資料點屬於某一個簇,則其鄰域的密度應相當高(Pandove, Goel & Rani,2018)。因基於密度的聚類是根據資料在空間上的分布情況進行的,不需要人為設定簇個數。因此,如果對資料集沒有標籤類的先驗知識,可以採取基於密度的聚類方法,對資料集進行聚類(Angelova et al.,2019)。給定資料集 D=｛o1,o2,……,on｝,樣本 oi 的密度,透過對該點半徑(radius)範圍內的樣本進行計數得到(包括 oi 本身)。oi 被劃分到某個相近的簇的標準是,當 o_i 的密度大於鄰域密度閾值(MinPts)。在基於密度的聚類方法中,通常包含核心點、邊界點和雜訊點三種類型的點。如圖 3-18 所示,MinPts=4。核心點定義為在該點半徑範圍內,MinPts ≥ 4 的點,菱形即為核心點。邊界點定義為非核心但是落在某個核心點領域內的點,圓形即為邊界點。雜訊點為除核心點和邊界點以外的其他點,三角形即為雜訊點。典型的基於密度的方法為 DB-SCAN 演算法(Density-Based Spatial Clustering of Applications with Noise,DBSCAN)(Ester et al.,1996)。

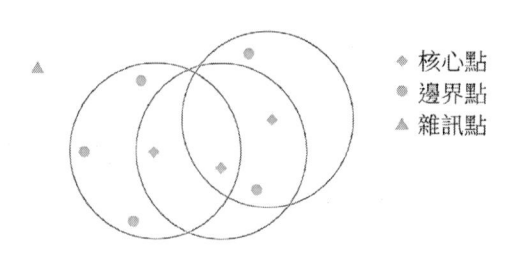

圖 3-18 核心點、邊界點和雜訊點

在 DBSCAN 演算法中，資料點透過吸收其鄰域中的所有資料點來建立一個簇，它可以發現任意形狀的聚類，且忽略雜訊點 (Pandove et al.，2018)。根據核心點、邊界點和雜訊點的定義，DBSCAN 演算法將任意兩個比鄰的核心點歸到一個簇中，與該核心點靠近的邊界點也歸到同一個簇中，忽略雜訊點。DBSCAN 演算法如表 3-10 所示。

表 3-10　DBSCAN 演算法

輸入：資料集 D、半徑、鄰域密度閾值 MinPts	
輸出：基於密度的簇的集合	
開始	①重複
	②從資料集中抽出一個未處理的點
	③如果抽出的點是核心點，那找出所有從該點密度可達的對象，形成一個簇
	④或抽出的點是邊緣點（非核心對象），跳出此次循環，尋找下一個點
	⑤直到所有的點都被處理為止
結束	

利用 DBSCAN 演算法對資料進行聚類。給定包含 13 個樣本 2 個屬性的資料集，使用 DBSCAN 演算法進行聚類。將該資料集繪製在二維座標軸上，如表 3-11 所示。現設 radius=2，MinPts=3。透過 DBSCAN 演算法，找到了資料集中的三點，並將其分為兩個簇，如圖 3-19 所示。DBSCAN 演算法將原始資料集劃分為 2 個簇，其中菱形為核心點，圓形為邊界點，三角形為雜訊點。

表 3-11　資料集

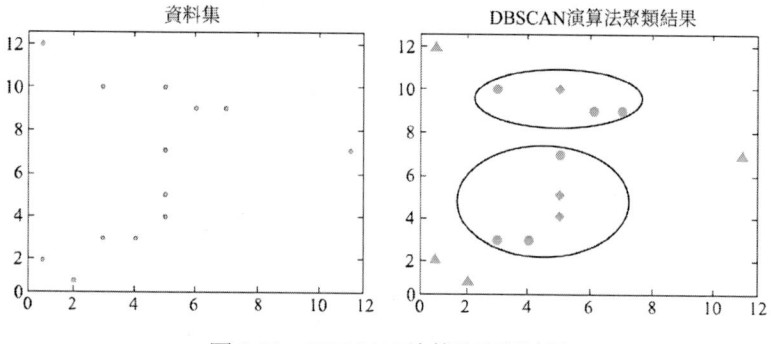

	O_1	O_2	O_3	O_4	O_5	O_6	O_7	O_8	O_9	O_{10}	O_{11}	O_{12}	O_{13}
d_1	1	2	5	4	5	11	6	7	5	1	3	5	3
d_2	2	1	4	3	7	7	9	9	5	12	10	10	3

圖 3-19　DBSCAN 演算法聚類結果

　　與 K- 平均演算法、AGNES 演算法和 DIANA 演算法不同，DBSCAN 演算法無須將簇個數作為輸入引數，簇個數可以透過演算法迭代找到，並作為最終輸出結果。同時，DBSCAN 演算法可以發現除球形以外的其他形狀的簇，能夠辨識資料集中的異常點（章永來，周耀鑑，2019）。此外，DBSCAN 演算法有兩個重要的輸入引數：半徑和鄰域密度閾值。不同的引數取值組合，對聚類品質有重要的影響。同時，當資料集中資料點很稀疏或疏密程度相差很大時，聚類品質較差（Liu，Zhou & Wu，2007）。

3.4.6 聚類評估

當在資料集 D 上使用一種聚類方法時,需要進行聚類評估。一般來說,聚類評估是估計一個資料集可以進行聚類分析的可能性和聚類結果的品質(Adolfsson,Ackerman & Brownstein,2019;Arbelaitz et al.,2013)。

在聚類分析前,需要對資料集的分布進行估測,以此來判定資料集是否適合聚類分析。如果資料集中存在非隨機結構,則資料集的聚類分析才有意義。在聚類分析時,諸如 K-平均演算法等演算法,需要給出資料集中的簇數,因此需要在獲得聚類結果之前,估計合適的簇個數。在聚類分析後,需要運用內在方法或外在方法,對聚類品質進行評估,從而測定簇對資料集的擬合程度,或比較兩種不同聚類方法在同一資料集上的聚類結果(Halkidi,Batistakis & Vazirgiannis,2001)。

(1)聚類趨勢評估

聚類趨勢評估是確定給定的資料集中是否存在非隨機結構。如果資料集中的資料是隨機分布的,那對資料集進行聚類分析可能找不到有意義的簇。通常,可以透過評估資料集均勻分布的機率,來檢驗資料集的隨機性(Adolfsson et al.,2019)。我們採用一種簡單的統計量 —— 霍普金斯統計量(Hopkins Statistic)來解釋上述思想。

霍普金斯統計量可以用來檢驗資料在空間上分布的隨機

性（Panayirci & Dubes，1983）。給定資料集 D，均勻地從 D 空間中抽取 n 個點 X_1，X_2，……，X_n。對每個點 X_i（$1 \leq i \leq n$），可以找到 X_i 在 D 中的最近鄰，並讓 p_i 為 X_i 與其在 D 中最近鄰之間的距離，即 p_i=min $\{$dist（X_i，m）$\}$，m $\in$ D。隨後，均勻地從 D 空間中抽取 n 個點 Y_1，Y_2，……，Y_n。對每個點 Y_i（$1 \leq i \leq n$），找出 Y_i 在 D-$\{m\}$ 中的最近鄰，並令 q_i 為 Y_i 與其在 D-$\{m\}$ 中的最近鄰之間的距離，即 q_i=min $\{$dist（Y_i，D-$\{m\}$）$\}$，m $\in$ D。則霍普金斯統計量為：

$$H = \frac{\sum_{i=1}^{n} q_i}{\sum_{i=1}^{n} p_i + \sum_{i=1}^{n} q_i} \tag{3.69}$$

如果 D 是均勻分布的，則 $\sum_{i=1}^{n} p_i$ 和 $\sum_{i=1}^{n} q_i$ 非常接近，故 H 接近 0.5。如果 D 不是均勻分布的，則 $\sum_{i=1}^{n} q_i$ 要比 $\sum_{i=1}^{n} p_i$ 大，故 H 接近 0。只有當 H 接近 0 時，資料集中存在非隨機結構，這時資料集才適合進行聚類分析。

(2) 簇個數估計

在聚類方法中，估計簇個數是非常重要的。不僅是諸如 K- 平均演算法等方法需要預設 K 值，且適合的簇個數也可以視為資料集有趣並重要的統計量（范明，孟小峰，2012；Berkhin，2006）。通常我們可以運用經驗法和肘部法（Elbow Method）來估計簇個數。透過經驗法，對於包含 n 個樣本的資料集，

簇個數通常可以設定為$\sqrt{(n/2)}$（Bezdek & Pal，1995）。在肘部法中，通常可以採用多種無監督聚類品質評估指標（詳見聚類品質評估）來估計簇個數。

利用肘部法評估簇個數：給定資料集 D，採用誤差項平方和 SSE 曲線來發現資料集中簇的個數（Rokach & Maimon，2005）。如圖 3-20 所示，當簇個數為 4 時，SSE 曲線出現了轉折點。因此，可以將資料集 D 的簇個數設定為 4。當然，還可以透過其他無監督指標來設定 K 值，透過尋找轉折點、高峰點等發現簇個數。雖然肘部法並不總是有效，但仍然可以用來初步確定簇個數。

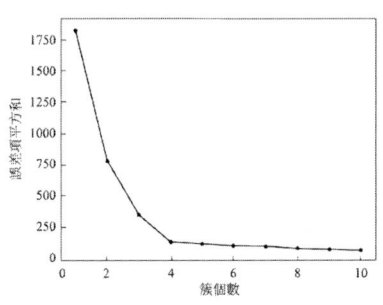

圖 3-20　利用肘部法評估簇個數

(3) 聚類品質評估

聚類品質評估通常分為內在方法和外在方法。這兩種方法的差別在於是否有參考基準。基準是一種帶有標籤資訊的聚類。內在方法指的是沒有可參考的基準，聚類品質的好壞，透過聚類結果的集中性和分離性來估計。外在方法指的

是有可以參考的基準,聚類品質的好壞透過比較聚類結果和基準來估計(José-García & Gómez-Flores,2016)。

①內在方法。

內在方法常用的指標有 SSE,Calinski-Harabaz,輪廓係數(Silhouette Coefficient),Dunn,Generalized Dunn,Davies-Bouldin,CS measurement,I-index,Xie-Beni(Arbelaitz et al.,2013;Liu et al.,2013)。現以輪廓係數為例,說明如何運用內在方法評估簇的品質。

將包含 n 個樣本的資料集 D 劃分成 k 個簇 C_1,C_2,……,C_K。對每個樣本 $o \in D$,$o \in C_i$,計算 o 與 o 所在的簇內其他樣本之間的平均距離 a(o)。b(o) 是指 o 與其他所有簇的最小平均距離。則:

$$a(o) = \frac{\sum_{o' \in C_i, o \neq o'} dist(o, o')}{|C_i| - 1} \quad (3.70)$$

$$b(o) = \min_{C_j: 1 \leq j \leq k, j \neq i} \left\{ \frac{\sum_{o' \in C_j} dist(o, o')}{|C_j|} \right\} \quad (3.71)$$

樣本 o 的輪廓係數定義為:

$$s(o) = \frac{b(o) - a(o)}{\max\{a(o), b(o)\}} \quad (3.72)$$

輪廓係數取值範圍為 [-1,1]。a(o) 的值顯示包含 o 的

簇的簇內集中性,a (o) 越小,簇內越集中。b (o) 的值顯示包含 o 的簇與其他簇的分離程度,b (o) 越大,簇與簇之間越分離。因此,當 s (o) 為正時,即 b (o) 大於 a (o),代表包含 o 的簇的簇內集中、簇間分離,這是聚類分析追求的結果。當 s (o) 為負時,即 b (o) 小於 a (o),代表 o 到其他簇的平均距離小於 o 到所屬簇的平均距離,這樣的聚類結果不太理想。

②外在方法。

外在方法常用的指標有精度、召回率、F1-score、準確率、純度、熵等 (Rendón et al.,2011)。現以精度、召回率和 F1-score 為例,說明如何運用外在方法評估簇的品質。

資料集 D= $\{o_1,o_2,\cdots\cdots,o_n\}$ 被劃分成 K 個簇 C= $\{C_1,C_2,\cdots\cdots,C_K\}$。設 T ($o_i$)(1 ≤ i ≤ n)是根據基準獲得的 oi 的簇標籤,P (o_i) 是 o_i 在簇 C_j(1 ≤ j ≤ K)中的簇標籤。兩個樣本 o_x 和 o_y(1 ≤ x,y ≤ n,x ≠ y)在簇 C 中的正確性,如式 (3.73) 所示,精度、召回率和 F1-score 如式 (3.74)、式 (3.75) 和式 (3.76) 所示。其中,精度越高,代表聚類結果越好。召回率越大,代表聚類結果越好。F1-score 是精度和召回率的結合,F1-score 越高,代表聚類結果越好。

$$Cor(o_x, o_y) = \begin{cases} 1 & \text{如果 } T(o_x) = T(o_y) \Leftrightarrow P(o_x) = P(o_y) \\ 0 & \text{其他} \end{cases} \quad (3.73)$$

$$\text{精度} = \frac{1}{n} \sum_{i=1}^{n} \frac{\sum_{o_y:\ x \neq y,\ P(o_x) = P(o_y)} Cor(o_x, o_y)}{\| |o_y| \ x \neq y,\ P(o_x) = P(o_y)| \|} \quad (3.74)$$

$$\text{召回率} = \frac{1}{n} \sum_{i=1}^{n} \frac{\sum_{o_y:\ x \neq y,\ T(o_x) = T(o_y)} Cor(o_x, o_y)}{\| |o_y| \ x \neq y,\ T(o_x) = T(o_y)| \|} \quad (3.75)$$

$$F_1 \text{ 度量} = \frac{2 \times \text{精度} \times \text{召回率}}{\text{精度} + \text{召回率}} \quad (3.76)$$

3.4.7 聚類技術應用案例

本節將前面介紹的劃分方法、層次方法和基於密度的方法用於資料聚類分析。資料集的類型分別是線性可分沒有重疊的 Iris（Asuncion & Newman，2007）資料集、線性可分有重疊的 Aggregation（Gionis，Mannila，& Tsaparas，2007）資料集，和線性不可分沒有重疊的 Flame（Fu & Medico，2007）資料集，資料集描述如表 3-12 所示。

表 3-12　資料集描述

資料集	樣本數	維度	簇個數
Iris	150	4	3
Aggregation	788	2	7
Flame	240	2	2

本節實驗在 Python3.7 上執行，聚類演算法來自 sklearn 庫中的 K- 平均聚類演算法、層次聚類演算法和 DBSCAN 演算法。以 F1-score 作為聚類品質評估的外在指標。演算法選

代進行 20 次，最終輸出簇個數、平均 F1-score 值，聚類結果如表 3-13 和圖 3-21、圖 3-22、圖 3-23 所示。

由表 3-13 可知，在 Iris 資料集上，K-平均演算法所獲得的 F1-score 值最高（即效能最好），DBSCAN 在沒有給定簇個數的情況下，也能找到正確的簇個數，且演算法效能僅次於 K-平均聚類演算法。對於 Aggregation 資料集，DBSCAN 在沒有給定簇個數的情況下，能找到正確的簇個數，且演算法效能最好。層次聚類演算法效能優於 K-平均演算法。對於 Flame 資料集，DBSCAN 在沒有給定簇個數的情況下，同樣能找到正確的簇個數，且演算法效能最好。K-平均演算法效能優於層次聚類演算法。總體來看，K-平均演算法適合發現球形簇，很難發現非球形的簇。DBSCAN 演算法能夠發現任意形狀的簇，且可以忽略雜訊點。

表 3-13　聚類結果

資料集	指標	K-平均聚類演算法	層次聚類演算法	DBSCAN 聚類演算法
Iris	簇個數	3	3	3
	F1-score	0.8853	0.8338	0.8833
Aggregation	簇個數	7	7	7
	F1-score	0.8478	0.8992	0.9949
Flame	簇個數	2	2	2
	F1-score	0.8397	0.7205	0.9874

圖 3-21　Iris 資料集聚類結果

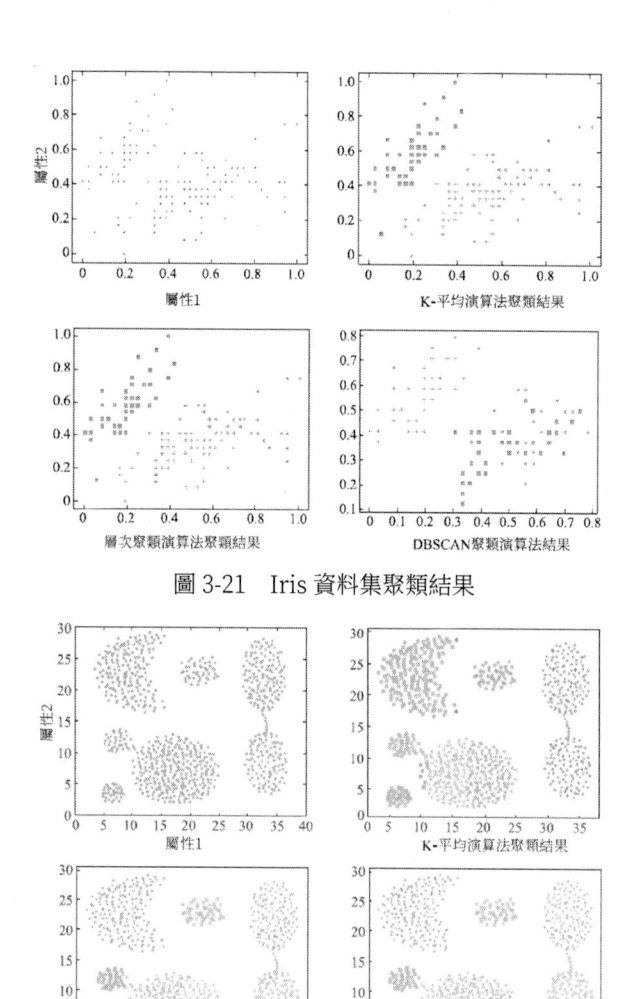

圖 3-22　Aggregation 資料集聚類結果

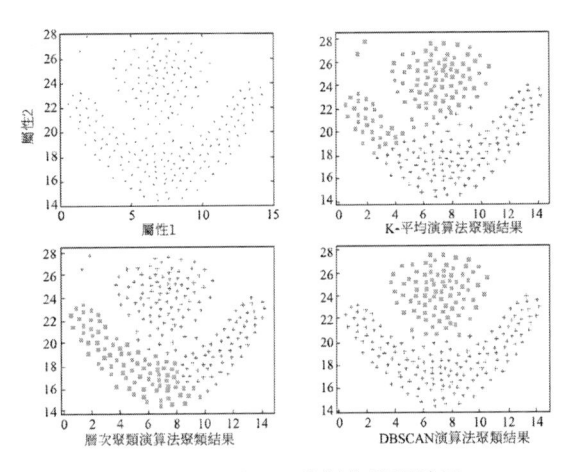

圖 3-23　Flame 資料集聚類結果

3.5　本章總結

　　本章對資料科學技術常用的基礎理論和方法進行簡單介紹，闡述資料分析及挖掘技術整體概論，介紹了敘述統計和推論統計等資料統計分析方法。

　　首先，圍繞資料科學研究方法，介紹了模型、策略和演算法三要素；資料科學技術方法的模型評估和選擇，包括誤差、過適、乏適、泛化能力等內容；資料統計分析框架，涵蓋資料分布特徵的度量、引數估計、假說檢定、變異數分析和迴歸分析等。其次，介紹兩大類資料分析方法：分類技術和聚類技術。分類技術部分介紹了其基本概念，以及經典的

分類方法，如基於最近鄰的分類、人工神經網路、支援向量機和組合分類方法。聚類分析部分介紹了聚類分析的定義、相似性度量的方法、劃分方法、層次方法、基於密度的方法、聚類評估和聚類技術應用案例。除了本章提到的幾種資料科學分析方法之外，還有其他預測、分類和聚類技術，如網格聚類、基於機率模型的聚類等 (Berkhin，2006)。想要深入使用資料科學技術進行複雜問題的分析，掌握這些基礎知識是遠遠不夠的，還需要對相關技術和原理進行更為系統和深度的學習。

參考文獻

[01] 范明，范銥建. 資料探勘導論 [M]. 北京：人民郵電出版社，2011.

[02] 范明，孟小峰. 資料探勘：概念與技術 [M]. 北京：機械工業出版社，2012.

[03] 高麗榮. 建構基於 Web 挖掘的個性化學習系統 [D]. 北京：北京工業大學，2012.

[04] 李航. 統計學習方法（第 2 版）[M]. 北京：清華大學出版社，2019.

[05] 荊永菊. 數位圖書館中影像二值化技術應用 [J]. 現代情報，2012，32（5）：55-57.

[06] 盛驟，謝式千，潘承毅. 機率論與數理統計（第四版）[M]. 北京：高等教育出版社，2008.

[07] 王菲菲 .k-means 聚類演算法的改進研究及應用 [D]. 蘭州：蘭州交通大學，2017.

[08] 王倩. 基於資料探勘的入侵檢測技術的研究與實現 [D]. 北京：北京郵電大學，2017.

[09] 張憲超. 數據聚類 [M]. 北京：科學出版社，2017.

[10] 章永來，周耀鑑. 聚類演算法綜述 [J]. 電腦應用，2019，39（7）：1869-1882.

[11] 趙鑫龍. 雲端運算安全動態檢測與靜態評測技術研究 [D]. 大連：大連海事大學，2017.

[12] 周志華. 機器學習 [M]. 北京：清華大學出版社，2016.

[13] ADOLFSSON, A., ACKERMAN, M., BROWNSTEIN, N.C.To cluster, or not to cluster：An analysis of clusterability methods[J].Pattern Recognition，2019（88）：13-26.

[14] AHMAD, A. , KHAN, S. S. Survey of state-of-the-art mixed data clustering algorithms[J]. Ieee Access，2019(7)：31883-31902.

[15] ANGELOVA, M. , BELIAKOV, G. , ZHU, Y. Density-based clustering using approximate natural neigh-

bours[J]. Applied Soft Computing,2019(85):105867.

[16] ARBELAITZ, O. , et al. An extensive comparative study of cluster validity indices[J]. Pattern Recognition,2013, 46(1):243-256.

[17] ASUNCION, A.·, NEWMAN, D. UCI machine learning repository. In.

[18] BERKHIN, P. A survey of clustering data mining techniques [J]. In Grouping multidimensional data,2006, Springer:25-71.

[19] BEZDEK, J. C. , PAL, N. R. On cluster validity for the fuzzy c-means model[J]. Ieee Transactions on Fuzzy Systems,1995,3(3):370-379.

[20] BRANDES, U. , GAERTLER, M. , WAGNER, D. Engineering graph clustering:Models and experimental evaluation [J]. ACM Journal of Experimental Algorithmics, 2008(12):1-26.

[21] CHERKASSKY, V. , MULIER, F. M. Learning from data:concepts, theory, and methods(2nd E d.)[M]. Journal of the American statistical assciation,2009, 104(485): 413-414.

[22] DAS, S. , ABRAHAM, A. , KONAR, A. Automatic

clustering using an improved differential evolution algorithm[J]. IEEE Transactions on Systems, Man, and Cybernetics-Part A：Systems and Humans，2007，38(1)：218-237.

[23] DOS SANTOS, B. S. , STEINER, M. T. A. , FENERICH, A. T. , LIMA, R. H. P. Data mining and machine learning techniques applied to public health prob-lems：A bibliometric analysis from 2009 to 2018[J]. Computers & Industrial Engineering，2019(138)：106120.

[24] ESTER, M. , et al. A density-based algorithm for discovering clusters in large spatial databases with noise[S]. Paper presented at the Kdd，1996.

[25] FALKENAUER, E. Genetic algorithms and grouping problems[J]. Software Practice and Experience，1998，28(10)：1137-1138.

[26] FORGEY, E.Cluster analysis of multivariate data：Efficiency vs.interpretability of classification[J]. Biometrics，1965，21(3)：768-769.

[27] FU, L. , MEDICO, E. FLAME, a novel fuzzy clustering method for the analysis of DNA microarray data[J]. BMC bioinformatics，2007，8(1)：3.

[28] GAN, G., MA, C., WU, J. Data clustering：theory, algorithms, and applications：SIAM，2020.

[29] GIONIS, A., MANNILA, H., TSAPARAS, P. Clustering aggregation. ACM Transactions on Knowledge Discovery from Data(TKDD)，2007，1(1)，4-es.

[30] GOWER, J. C. A general coefficient of similarity and some of its properties [J]. Biometrics，1971，27(4)：857-871.

[31] HALKIDI, M., BATISTAKIS, Y., VAZIRGIANNIS, M. On clustering validation techniques[J]. Journal of Intelligent Information Systems，2001，17(2-3)：107-145.

[32] HAN, J., PEI, J., KAMBER, M. Data mining：concepts and techniques [M]. Amsterdam：Elsevier，2011.

[33] JAIN, A. K. Data clustering：50 years beyond K-means[J]. Pattern Recognition Letters，2010，31(8)：651-666.

[34] JAIN, A. K., DUBES, R. C. Algorithms for clustering data[M]. Upper Saddle River：Prentice-Hall, Inc，1988.

[35] JAIN, A. K., MURTY, M. N., FLYNN, P. J. Data clustering：a review [J]. ACM computing surveys(CSUR)，1999，31(3)：264-323.

[36] JOSé - GARCíA, A., GóMEZ - FLORES, W. Automatic

clustering using nature-inspired metaheuristics：A survey [J]. Applied Soft Computing，2016(41)：192-213.

[37]　KAUFMAN, L.，ROUSSEEUW, P. J. Finding groups in data：an introductionto cluster analysis(Vol. 344)[M]. New York：John Wiley & Sons，2009.

[38]　KHATAMI, A.，et al. A new PSO-based approach to fire flame detection using K-Medoids clustering [J]. Expert systems with applications，2017 (68)：69-80.

[39]　LIU, P.，ZHOU, D.，WU, N. VDBSCAN：varied density based spatial clustering of applications with noise[C]// Paper presented at the 2007 International conference on service systems and service management，2007.

[40]　LIU, Y.，et al. Understanding and enhancement of internal clustering validation measures. IEEE transactions on cybernetics，2013，43(3)，982-994.

[41]　MACQUEEN, J. Some methods for classification and analysis of multivariate observations[C]. Paper presented at the Proceedings of the fifth Berkeley symposium on mathematical statistics and probability，1967.

[42]　MAJUMDAR, S.，LAHA, A. K. Clustering and classification of time series using topological data analysis with

applications to finance[J]. Expert systems with applications,2020,162(1):113868.

[43] MEHTA, V. , BAWA, S. , SINGH, J. Analytical review of clustering techniques and proximity measures[J]. Artificial Intelligence Review,2020(53):5995-6023.

[44] MOSES, & LINCOLNE. Think and explain with statistics[M]. Boston:Addison-Wesley Pub,1986.

[45] MURTAGH, F. A survey of recent advances in hierarchical clustering algorithms[J]. The computer journal,1983,26(4):354-359.

[46] PANAYIRCI, E. , DUBES, R. C. A test for multidimensional clustering tendency[J]. Pattern Recognition,1983,16(4):433-444.

[47] PANDOVE, D. , GOEL, S. , RANI, R. Systematic review of clustering high-dimensional and large datasets. ACM Transactions on Knowledge Discovery from Data(TKDD),2018,12(2):1-68.

[48] PARK, H. S. , JUN, C. H. A simple and fast algorithm for K-medoids clustering[J]. Expert systems with applications,2009,36(2):3336-3341.

[49] PéREZ-SUáREZ, A. , MARTíNEZ-TRINIDAD, J. F.

, CARRASCOOCHOA, J. A. A review of conceptual clustering algorithms[J]. Artificial Intelligence Review，2019，52(2)：1267-1296.

[50] PUN, J. G. , STEWART, D. W. Cluster analysis in marketing research：Review and suggestions for application[J]. Journal of marketing research，1983，20(2)：134-148.

[51] RDUSSEEUN, L. K. P. J. , KAUFMAN, P. Clustering by means of medoids. North-Holland，1987.

[52] RENDóN, E. , et al. Internal versus external cluster validation indexes [J]. International Journal of computers and communications，2011，5(1)：27-34.

[53] ROKACH, L. , MAIMON, O. Clustering methods. In Data mining and knowledge discovery handbook(pp. 321-352)：Springer.

[54] ROSS, S. M. (1994). A first course in probability. Macmillan College.

[55] SAXENA, A. , et al. A review of clustering techniques and developments [J]. Neurocomputing，2017(267)：664-681.

[56] SNEATH, P. H. The application of computers to taxono-

my[J]. Microbiology,1957,17(1):201-226.

[57] SVVORENSEN, T. A New Method of Establishing Groups of Equal Amplitude in Plant Sociology Based on Similarity of Species Content and Its Application to Analysis of the Vegetation on Danish Commons. K. Dan. Videns. Selsk, 5(4), 1.

[58] WOLPERT, D. H., MACREADY, W. G. No Free Lunch Theorem for Search, SFI-TR-95-02010, The Santa Fe Institute, Santa Fe. JPL.

[59] WU, X., et al. Top 10 algorithms in data mining[J]. Knowledge and information systems,2008,14(1):1-37.

[60] XU, R., WUNSCH, D. Survey of clustering algorithms[J]. IEEE Transactions on neural networks,2005,16(3):645-678.

[61] ZADEGAN, S.M.R., MIRZAIE, M., SADOUGHI, F. Ranked k-medoids:A fast and accurate rank-based partitioning algorithm for clustering large datasets[J]. Knowledge-Based Systems,2013(39):133-143.

第 4 章
資料科學的典型應用

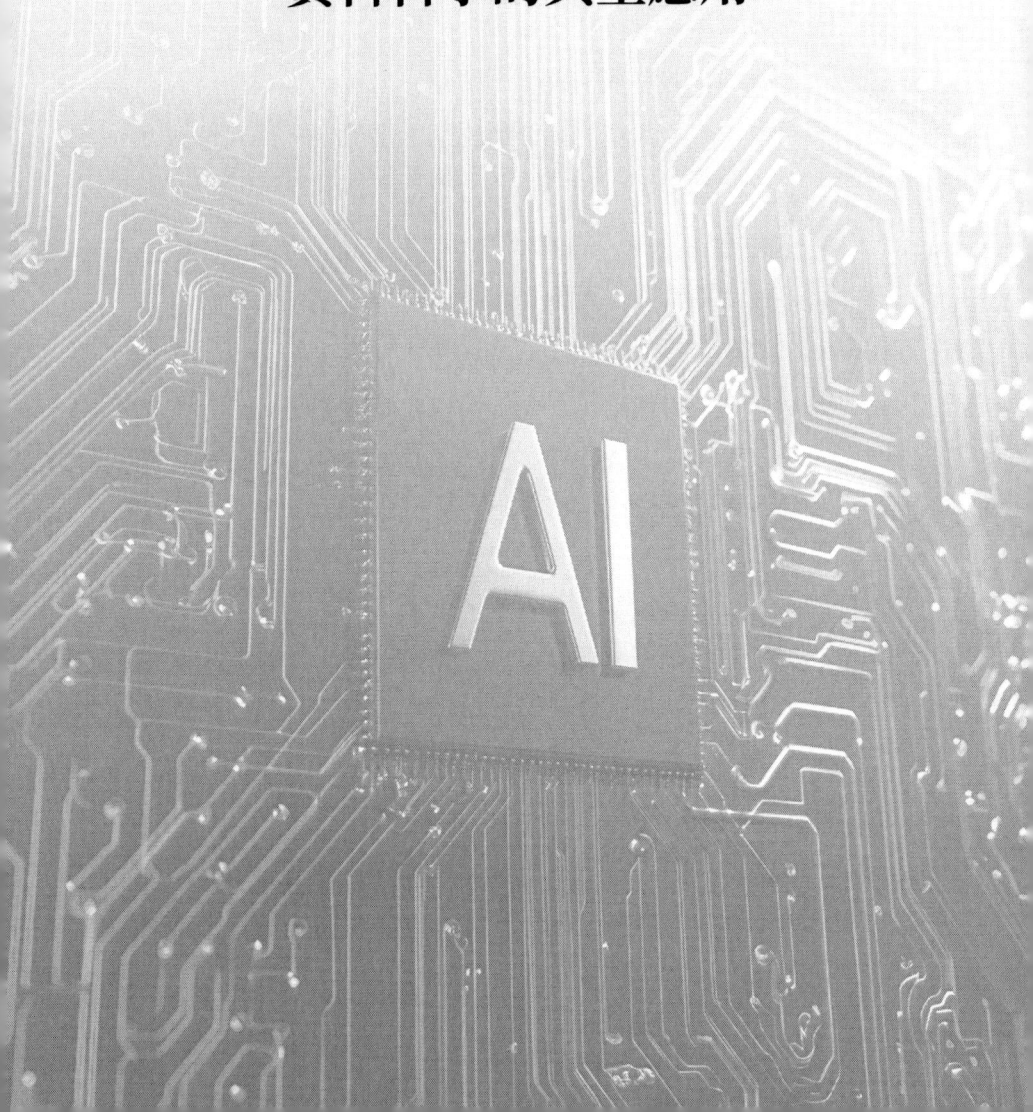

4.1 個性化推薦系統的演算法與案例

4.1.1 推薦演算法的發展與現狀

隨著網路及資訊科技的發展，衍生了巨量的資料，我們已進入資訊超載的時代。資訊超載意味著我們可以從網路上獲取更為豐富的資訊及服務，但也意味著我們需要花費更多時間去搜尋它們。

從另一個角度看，每個人都是生而不同的，在性格特徵、成長環境等方面存在差異，因此每個人都具有不同的偏好。與此同時，隨著生活品質的提升，閱讀、影視欣賞及購物等非生存需求日益增加，然而這類需求在很多時候是無意識的，也就是說，使用者無法準確知道自己想要什麼。因此，最好的選擇，就是不需要選擇。基於資訊超載、偏好差異及需求的不確定性，推薦系統應運而生。

(1) 推薦系統的定義

Resnick 等 (1997) 給出推薦系統的定義，推薦系統透過獲取及分析使用者資訊，為使用者提供商品資訊和建議。在電子商務網站，推薦系統扮演銷售人員的角色，幫助客戶完成購買過程。簡單來說，推薦系統是根據使用者在網站上的行為及習慣，結合使用者的特徵屬性（如地域、性別等），以及

物品的特徵資訊（如價格、類型等），確定使用者的興趣，並將合適的資訊以合適的方式推送給使用者，幫助使用者找到他們喜歡又不易找到的資訊或商品，滿足使用者的個性化需求。

在本質上，推薦系統提升了資訊分發及獲取的效率。

(2) 推薦系統的發展歷程

1964 年，資訊超載的概念被首次提出。1990 年，推薦系統的概念首次由哥倫比亞大學的 Karlgren 教授提及。1992 年，Goldberg 第一次提出協同過濾的概念。隨後，推薦系統的興起與網路的發展緊密相連。2003 年，亞馬遜（Amazon）的推薦系統在網路領域廣為人知，也使協同過濾演算法成為當時的主流推薦演算法 (Linden, 2003)。2006 年，Netflix 懸賞一百萬美元，激發參賽者設計出效果更好的推薦演算法。該比賽吸引全球近四萬支隊伍參加，使越來越多人研究推薦演算法，因此，隨後幾年湧現出大量經典的推薦演算法。

近年來，推薦系統被廣泛運用到各大平臺。對使用者來說，推薦系統能提供個性化的服務，提升使用者獲取資訊的效率，節省使用者的時間。對企業來說，推薦系統幫助企業吸引新使用者，留住現有使用者，增加使用者黏著度，為企業增加營收。

4.1.2 推薦演算法的應用

推薦系統已廣泛運用於網路行業,如商品推薦、新聞資訊及影片音樂平臺的內容推薦等。推薦系統的精準度,相當程度上影響使用者在平臺上的體驗,從而進一步影響使用者的感知與決策。同時,傳統行業也離不開推薦系統,小到餐飲行業的線上推廣,大到金融保險行業的產品推薦,推薦系統推動了企業的精準行銷。

下文將解釋推薦系統的經濟學本質及其應用場景。

(1) 推薦系統的經濟學本質

如圖 4-1 所示,從左端的最高點可以發現,幾乎所有銷量都集中在前列的少數商品上。聚焦於這些熱門商品,能夠讓商家以最少的產品獲得更大的銷量。但事實上,非熱門商品所形成的長尾巴(圖的右端),具有不可低估的價值規模。如果將這些排名靠後的商品組合起來,就可以形成一個與熱門市場相匹敵的大市場,這就是「長尾效應」。

在長尾經濟的主導下,企業以「規模化」的模式生產「個性化」的產品,大大豐富產品種類。但在此情況下,使用者需花費更大的精力與時間挑選心儀的產品。因此,幫助使用者從巨量的產品和服務中挑選出自己需要的,是推薦系統的價值所在。

在運用推薦系統以實現「長尾經濟」方面,亞馬遜堪稱典範。它將需求量較少的商品進行細分,為使用者提供小眾商品的選購機會,拓寬了商品管道。與此同時,它運用了基於協同過濾的推薦系統,透過蒐集與分析使用者的瀏覽及購買行為,進行關聯推薦,為使用者提供選購指導,從而帶動長尾商品的銷售。

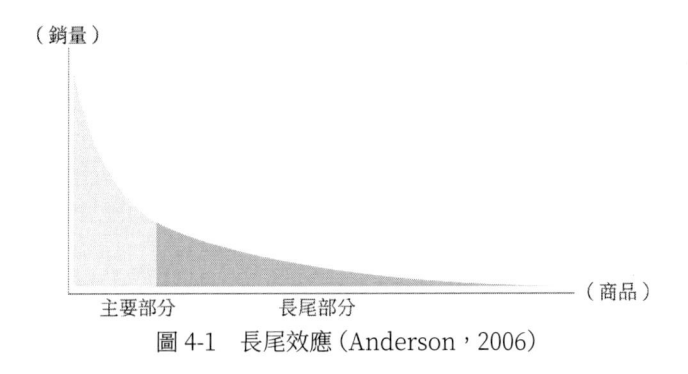

圖 4-1　長尾效應(Anderson,2006)

(2)推薦系統與傳統的搜尋系統

推薦系統落地於兩大場景,分別為搜尋引擎及推薦引擎。它們的原理及整體架構較為相似,都是透過輸入一定的特徵,輸出相關的結果,但是其具體的實現方法存在一定差異。搜尋引擎的輸入特徵以搜尋詞為主,透過訪問內容庫,找到最相關的內容候選集。而推薦引擎的輸入特徵主要是使用者畫像(年齡、收入等)及歷史行為等,此處可能沒有搜尋詞,透過訪問內容庫找到使用者感興趣的內容候選集,如圖 4-2 所示。

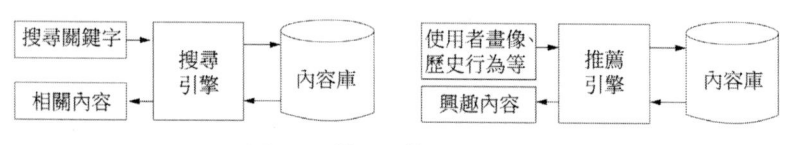

圖 4-2　搜尋引擎及推薦引擎

對於搜尋引擎，使用者主動搜尋內容，其意圖明確，在召回階段更加強調匹配的結果，且要求排序居前列的內容能滿足個性化需求。而對於推薦引擎，使用者被動接受系統的內容推薦，意圖模糊，著重掌握使用者需求，根據使用者的畫像或歷史行為，過濾出使用者感興趣的資訊，推薦給使用者。

(3) 推薦系統的應用場景

推薦系統廣泛應用於各個領域，如電商平臺、生活服務平臺、內容服務平臺、知識教育平臺及搜尋引擎平臺等。

在電商平臺上，企業透過推薦系統，結合使用者畫像、使用者行為等特徵，為使用者推薦商品，能夠大幅度地增加平臺的收入。例如某位使用者經常瀏覽或購買嬰兒用品、護理產品、家居產品等，那推薦系統就會將該使用者標記為媽媽群體，後續會為該使用者推薦其他類型的嬰兒用品，如奶粉、嬰兒車等，從而推動其他產品的銷售。

對於內容服務平臺，如影片音樂、教育課堂、知識分享等，平臺可以結合使用者興趣、使用者瀏覽行為、使用者社

交興趣等,為使用者推薦高品質且喜歡的內容。例如影片媒體的「為你推薦」等板塊。對於生活服務類平臺,如餐飲外送、旅遊預訂等平臺,可以根據使用者的地理位置、使用者行為等,為使用者推薦臨近或相關的產品或服務。例如旅遊預訂平臺在使用者購買機票後,為使用者推薦目的地附近的酒店及景點。

(4) 內容推薦的應用案例

下面將以新聞資訊平臺為例,簡單介紹推薦系統的應用場景及工作原理。

新聞資訊平臺的內容推薦流程主要包括提取特徵、建構及訓練模型、根據預測結果召回文章、排序及展示等。首先,提取三個方面的特徵,作為該推薦系統的輸入變數。第一個方面是使用者特徵 X_i,具體包括使用者畫像(性別、年齡、職業、興趣等)和使用者行為(搜尋、瀏覽、收藏、追蹤、留言等);第二個方面是使用者所處環境的場景特徵 X_u,具體包括時間、地理位置、網路、天氣等,這是行動網路時代推薦的特點,不同場合下的資訊偏好有所不同;第三個方面是新聞文章特徵 X_c,具體包括文章主題詞、興趣標籤、作者、熱度等。

這三個方面的特徵 (X_i,X_u,X_c) 作為輸入變數,輸入預測模型 f 中,模型會根據演算法返回推薦結果 Y,根據結

果,可評估該推薦內容在當下場景是否滿足使用者的需求。最後,召回滿足使用者需求的文章,並按照特定的評估目標(點選導向、互動導向等),對候選集進行排序,選取排序靠前的文章進行展示,如圖 4-3 所示。

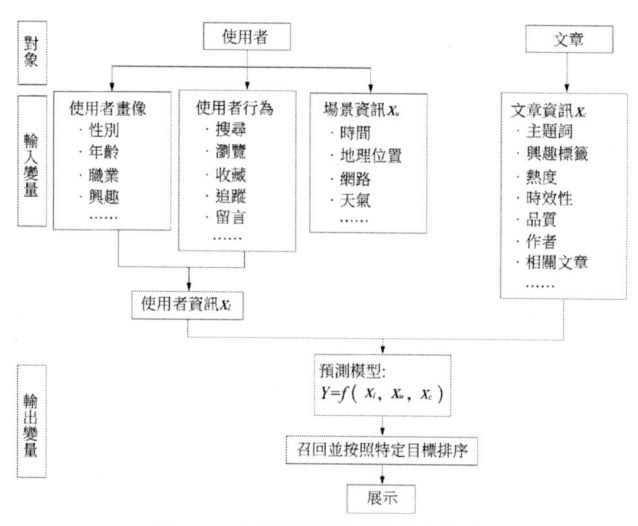

圖 4-3　新聞資訊平臺的推薦流程

4.1.3　推薦系統的核心步驟與常用特徵

(1) 推薦系統的核心步驟

推薦系統具有兩大核心步驟,分別是召回和排序,兩者都有賴於內容庫(廣告、商品等)及使用者資料(畫像、行為等)。召回主要是利用少量的特徵、模型及規則,對候選集進行快速的篩選,即將數百萬條資料進行過濾,篩選出數千條

最相關的結果,能夠減少排序階段的時間開銷。排序步驟則是利用複雜模型及多個特徵,進行精準排序,將最終推薦結果展示給使用者,如圖 4-4 所示。

召回和排序有較大的差異。召回的資料規模較大,同時更加強調計算的速度,因此該步驟所使用的特徵很少,模型也相對簡單,以滿足召回的計算需求。排序的資料量較少,追求更為精準的推薦,因此需要用相對複雜的模型進行處理。

(2) 推薦系統常用的特徵

推薦系統中常用的特徵有以下幾種:

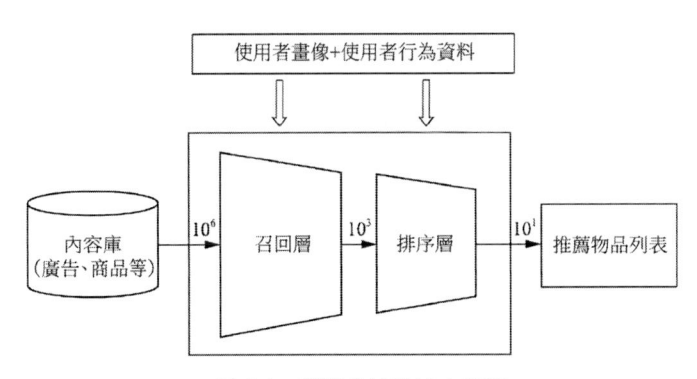

圖 4-4　推薦系統的核心步驟

①使用者行為資料。使用者行為可分為顯性回饋行為和隱性回饋行為。顯性回饋行為有評分、按讚等;隱性回饋行為包括點選、加購等。由於顯性回饋行為的蒐集難度較大,

資料量較小，隱性回饋行為在現階段變得更加重要。

②使用者關係資料。透過使用者與使用者之間的資料，即使用者之間是否互相追蹤、是否互相按讚、是否為好友關係、是否同處一個地區，來判斷使用者關係的強弱程度。

③使用者／物品標籤。使用者標籤包括性別、年齡、興趣等使用者特徵；物品標籤包括類別、價格等物品特徵。

④內容類資料。內容類資料主要是描述使用者或物品的資料，如描述型文字及圖片等。

⑤上下文資訊。上下文資訊主要包括時間和地點，即在不同的時間及地點，推薦不同的物品。

4.1.4 協同過濾

簡單來說，協同過濾（Collaborative Filtering）是利用興趣相似的群體的喜好或行為，預測當前使用者對哪些商品感興趣，從而將使用者感興趣的資訊推薦給他們。這個演算法被廣泛地運用到電子商務行業，如亞馬遜平臺，透過為客戶提供個性化的商品推薦，促進商品的銷售。

傳統的協同過濾演算法主要有基於物品的協同過濾演算法和基於使用者的協同過濾演算法。一般情況下，這兩種演算法都只需要輸入使用者──物品的評分矩陣。

(1) 基於物品的協同過濾演算法

根據使用者的歷史喜好分析出相似物品,然後為使用者推薦同類物品,可理解為「物以群分」。比如,小明喜歡小熊、籃球和小車,並給了好評。同時發現小王也喜歡小熊和小車,那我們可以認為喜歡小熊的人也喜歡小車,即兩個物品具有相似性。現在,如果小紅給了小熊好評,那可以把小車推薦給小紅(見圖 4-5)。

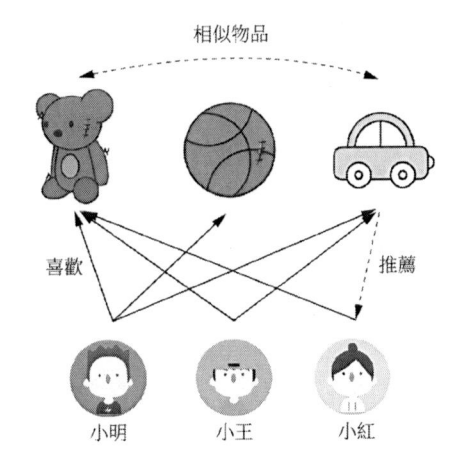

圖 4-5 基於物品的協同過濾演算法舉例講解

(2) 基於使用者的協同過濾演算法

根據使用者的歷史愛好,找出一群與之具有相似興趣的人,然後為使用者推薦這群人喜歡的物品,可以理解為「人以類聚」。例如小明和小紅都喜歡小熊和籃球,並都為這兩個物品打了高分,那可以認為小明和小紅具有相似的興趣。此

時，我們還發現小明為小車打了高分，那麼可以把這輛小車推薦給小紅，如圖 4-6 所示。

(3) 基於使用者的協同過濾演算法步驟

基於使用者的協同過濾演算法，主要有以下三個步驟：

①透過計算使用者之間的相似度，找到與當前使用者具有相似興趣的其他使用者，這些使用者稱為最近鄰。

②對於當前使用者沒有見過的每個物品，利用最近鄰對該物品的評分，來預測當前使用者對該物品的評分。

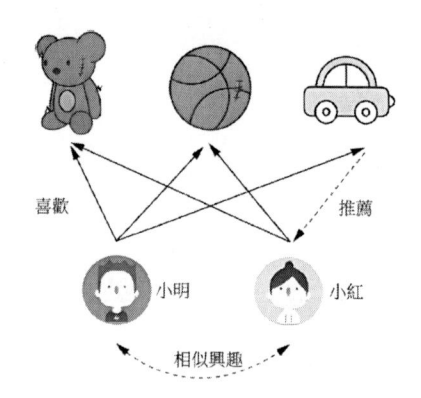

圖 4-6　基於使用者的協同過濾演算法舉例講解

③對上面的預測評分進行排序，選取 top-N 的產品進行推薦。

(4) 基於使用者的協同過濾例子講解

假設給定一個使用者——物品評分矩陣（見表 4-1），每

一列代表一個使用者 U 的評分資料，每一行代表一個物品 I 的評分資料。空白的地方代表使用者從未見過該物品，暫時沒有評分，需要我們去預測。

在表 4-1 中，使用者 U_1 暫未對物品 I_2 進行評分，但我們發現使用者 U_2、U_4、U_5 都已經對物品 I_2 進行了評分。那麼，基於使用者的協同過濾，我們可以先分別計算出使用者 U_1 與使用者 U_2、U_4、U_5 的相似度。然後根據使用者 U_2、U_4、U_5 對物品 I_2 的評分，來預測使用者 U_1 為物品 I_2 的評分。如果該評分較高，那可以為使用者 U_1 推薦物品 I_2。

表 4-1　使用者—物品評分矩陣

	I1	I2	I3	I4
U1	4	?	5	5
U2	4	2	1	
U3	3		2	4
U4	4	4		
U5	2	1	3	5

①計算使用者之間的相似度──皮爾森相關係數。

我們定義使用者集合為 U＝{U_1，U_2，……，U_n}，物品集合為 I＝{I_1，I_2，……，I_m}。評分項 r_{ui} 代表使用者 u 在物品 i 上的評分，評分割槽間定義為 1 分（不喜歡）到 5 分（喜歡）。

Herlocker 等 (1999) 提出，在基於使用者的協同過濾演算

法中,皮爾森相關係數會更勝一籌,因此我們選用皮爾森相關係數來計算使用者 u 和使用者 v 之間的相似度 $W_{u,v}$:

$$W_{u,v} = \frac{\sum_{i \in I}(r_{u,i} - \overline{r_u})(r_{v,i} - \overline{r_v})}{\sqrt{\sum_{i \in I}(r_{u,i} - \overline{r_u})^2}\sqrt{\sum_{i \in I}(r_{v,i} - \overline{r_v})^2}} \quad (4.1)$$

其中 r_u、r_v 分別為使用者 u 和使用者 v 的平均評分。現計算使用者 U_1、U_2 的相關度 $W_{1,2}$:

$$W_{1,2} = \frac{(4-\overline{r_1})(4-\overline{r_2}) + (5-\overline{r_1})(1-\overline{r_2})}{\sqrt{(4-\overline{r_1})^2 + (5-\overline{r_1})^2}\sqrt{(4-\overline{r_2})^2 + (1-\overline{r_2})^2}} = -0.98$$

此處 $\overline{r_1} = (4+5+5)/3$,$\overline{r_2} = (4+2+1)/3$。

皮爾森相關係數取值從 -1(強負相關)到 1(強正相關),使用者 U1 與使用者 U2、U4、U5 的相似度分別為 -0.98、0、0.68。

②根據使用者相關度,預測使用者對物品的評分。

接下來,將採用 Resnick 等(1994)的方法預測使用者對物品的評分。從表 4-1 可以獲得使用者 U_2、U_4、U_5 對物品 I_2 的評分,將這些評分結合使用者之間的相似度 $W_{u,v}$,預測使用者 U_1 為物品 I_2 的評分 $P_{1,2}$:

$$P_{1,2} = \overline{r_1} + \frac{\sum_{u \in \{2,4,5\}} (r_{u,2} - \overline{r_u}) \cdot W_{1,u}}{\sum_{u \in \{2,4,5\}} |W_{1,u}|}$$

$$= \overline{r_1} + \frac{(r_{2,2}-\overline{r_2}) \cdot W_{1,2} + (r_{4,2}-\overline{r_4}) \cdot W_{1,4} + (r_{5,2}-\overline{r_5}) \cdot W_{1,5}}{|W_{1,2}| + |W_{1,4}| + |W_{1,5}|}$$

$$= 4.67 + \frac{(2-2.33) \times (-0.98) + (4-4) \times 0 + (1-2.75) \times 0.68}{0.98+0+0.68} = 4.15$$

(4.2)

在式 (4.2) 中,由於每個人的評分標準存在差異,也就是說,有的人傾向於打高分,有的人傾向於打低分,為了消除差異性,每個使用者在 I_2 上的評分 $r_{u,2}$ 都需減去其平均評分 r_u。此處,預測使用者 U_1 為物品 I_2 的評分為 4.15 分。

(5) 演算法的優缺點

優勢:有推薦新資訊的能力。只需要使用者評分數據,就能得到不錯的結果,且工程量較小。

缺點:資料稀疏性。即在評分矩陣中,往往有上百萬個使用者及上百萬個商品,但是每個使用者僅購買少數商品,或每個商品僅被少數使用者購買,因此該矩陣極其稀疏,將會影響推薦的準確度;演算法擴展性,即當使用者和物品的數量增加時,最近鄰演算法的計算量也會隨之增加,因此不適合在資料規模較大的情況下使用。

第 4 章　資料科學的典型應用

4.1.5　基於內容的推薦

如先前所介紹，協同過濾是目前最流行的推薦演算法，被廣泛運用到實踐中。除了使用者的評分數據，該技術不需要知道產品的任何資訊，這意味著可以不向系統提供即時、詳細的產品描述資訊，從而能夠有效地減少計算的代價。

然而，在有些情況下，如果我們知道小明近期經常閱讀 A、B、C 等書，而且這些書大都屬於武俠小說類型，那我們可以推測出小明喜歡閱讀武俠小說。同時，我們還知道 D 書也是一本武俠小說。那麼基於以上兩點，我們可以將 D 書推薦給小明，如圖 4-7 所示。

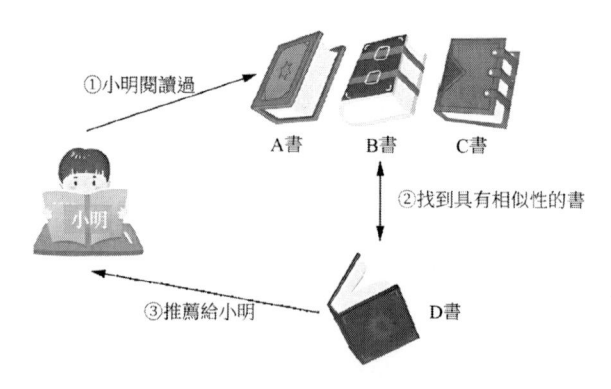

圖 4-7　基於內容的推薦的案例說明

根據使用者過去喜歡的產品，為使用者推薦與之類似的產品，這就是基於內容的推薦（Content-based Recommendation）。這種方法有別於協同過濾，它不需要巨大的使用者群

體及評分數據，只需要兩類資訊就能直觀地完成推薦，分別是產品的特徵描述資訊及使用者偏好資訊。

(1) 基於內容的推薦演算法的基本流程

我們可以將基於內容的推薦演算法分為以下 3 個環節：

①提取候選產品的特徵；

②利用使用者過去喜歡（或不喜歡）的產品特徵，學習使用者的偏好特徵；

③匹配候選產品特徵與使用者偏好特徵，為使用者推薦相關性最高的產品（見圖 4-8）。

①提取候選產品的特徵

為產品提取以下特徵（即產品內容）：
A.產品的結構化特徵，如標籤、類別、地域、評分、價格等資訊
B.產品的非結構化特徵，如文本：
　①利用TF-IDF將文字轉換為特徵向量
　②利用LDA演算法建構文章（標的物）的主題

②提取使用者的偏好特徵

利用使用者過去喜歡(或不喜歡)的產品特徵資料，學習使用者的偏好特徵

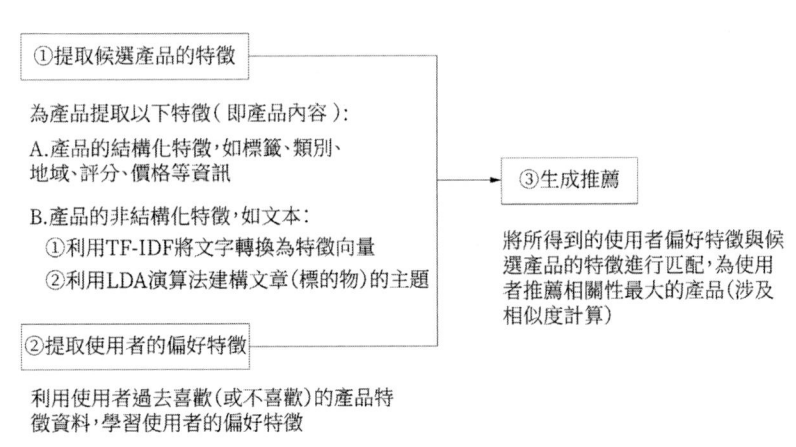

③生成推薦

將所得到的使用者偏好特徵與候選產品的特徵進行匹配，為使用者推薦相關性最大的產品(涉及相似度計算)

圖 4-8　基於內容的推薦流程

接下來，講述如何提取產品及使用者偏好的特徵，以及如何將這兩個特徵進行匹配，為使用者進行物品的推薦。

(2)提取產品及使用者偏好的特徵

我們將資料分為兩類,分別為結構化資料(如數值、符號)以及非結構化資料(如文字、圖像)。不同的資料類型,在提取其特徵時,採取不同的方法。

此處,假設我們的產品是圖書,那麼其特徵主要有以下幾種類型:

數值型資料:價格、頁數、評分等;

分類型資料:類型、地域、標籤等;

文字型資料:書名、簡介、文章節選、評價等。

以下將呈現各類型資料的特徵提取方式。

①數值型資料。價格、頁數、評分等數值型資料直接用一個數值表示即可,如表 4-2 所示。

表 4-2 數值型資料特徵提取

價格(元)	頁數(頁)	評分(分)
365.00	200	7.5

②分類型資料。類型、地域、標籤等分類型資料有兩種特徵提取方式。

第一種,用二進位制來表示。假設圖書有 8 個類型:政治、經濟、文化、歷史、文學、藝術、科學、醫學。雨果的《悲慘世界》屬於文學,那麼它的結構化特徵可用一個 8 位的

二進位制數來表示,「文學」所在的位置為 1,其餘為 0,如表 4-3 所示。

表 4-3　分類型資料特徵提取

政治	經濟	文化	歷史	文學	藝術	科學	醫學
0	0	0	0	1	0	0	0

將表 4-3 轉換成向量,即可用向量 (0,0,0,0,1,0,0,0) 來表示。

第二種,為以上 8 個類型分別編一個號碼,如 {政治 1,經濟 2,文化 3,歷史 4,文學 5,藝術 6,科學 7,醫學 8}。那麼,《悲慘世界》的類型(文學)可用數值 5 來表示。

③文字型資料。書名、簡介等文字型資料的特徵提取方式,主要是透過 TF-IDF 將文字資訊轉換為特徵向量。TF-IDF 方法由 Salton(1973)提出,其思想是如果某個詞語在一篇文章中出現頻率較高,則意味著該詞在該文章中較為重要。同時,如果該詞在其他文章中出現較少,則說明該詞具有很好的類別區分能力,較能表示文章的特徵。

假設有 N 本候選圖書,其圖書簡介集合為 D= {d1,d2,d3,……,dN},這些簡介中出現的詞集合為 T= {t_1,t_2,t_3,……,t_m}。也就是說,N 篇簡介中,一共出現了 m 個不相同的詞語。接下來,我們需要將每篇文章表示成一個向量,記為 dj= {w_{1j},w_{2j},w_{3j},……,w_{mj}}。其中,w_{1j} 代

表詞集合 T 中第一個詞語 t_1 在文章 d_j 中的權重。

那麼，每個詞語在文章中的權重該如何計算呢？

這裡用到了 TF-IDF 的方法。一般情況下，我們認為在一篇文章中，出現頻率越高的詞語，其權重就會越高。所以，我們要先計算詞語 t_i 在文章 d_j 中出現的頻率 TF_{ij}：

$$TF_{ij} = \frac{n_{i,j}}{\sum_{k \in T} n_{k,j}} \qquad (4.3)$$

其中，$n_{i,j}$ 代表詞語 t_i 在文章 d_j 中出現的頻率，$\sum_{k \in T} n_{k,j}$ 代表文章 d_j 中所有詞語出現次數的總和。

在一般情況下，可以用詞頻 TF_{ij} 代表詞語 t_i 在文章 d_j 中的權重，即 $w_{ij}=TF_{ij}$。但是，會出現一種情況，即同一個詞語可能多次出現在多篇文章中，如「你們」、「然後」、「其實」等一些無實義的詞語，它們會在多篇文章中出現，且出現頻率很高，這使它們在文章中的權重也很高，但實際上，這些詞語不能用以區分文章，從而使建構的向量無法盡可能地表現文章特徵。

因此，我們還需要引入逆向檔案頻率指數 IDF，用以衡量每個詞語在所有文章中的相對重要性。一般情況下，如果一個詞語只在少數文章中出現，那麼這個詞語是具有區別度的，能夠刻劃文章的特徵，相應地，權重就會更高。下面給

出詞語 t_i 的區別度 IDF_i：

$$IDF_i = \log_{10} \frac{N}{|\{j: t_i \in d_j\}|} \qquad (4.4)$$

其中，N 代表文章的總數，|{j：ti ∈ dj}| 代表包含詞語 t_i 的文章數目。例如一共有 1,000 篇簡介，詞語「蘋果」一共出現在 10 篇簡介中，那麼「蘋果」所對應的 IDF=lg (1,000/10) =2。

最後，我們用 TF_{ij} 和 IDF_i 的乘積作為詞語 t_i 在文章 d_j 中的權重，即 $w_{ij}=TF_{ij} \cdot IDF_i$。使用該方法，可以得到每一本書的簡介特徵，用 dj= {w1j，w2j，w3j，……，wmj} 表示。

假設，根據使用者過去喜歡的產品特徵資料，我們得知小明喜歡閱讀的 A 圖書簡介對應的是向量 d_8，B 圖書簡介對應的是向量 d_{25}，C 圖書簡介對應的是向量 d_{47}，那麼小明的偏好特徵為 $U_{小明}= (d_8+d_{25}+d_{47}) /3$。可以用 $U_k=\{u_{1k}，u_{2k}，u_{3k}，……，u_{mk}\}$ 表示使用者 k 的偏好特徵。

(3) 匹配候選產品特徵及使用者偏好特徵

以上部分，已經介紹如何獲取候選產品特徵及使用者偏好特徵，那麼該如何將這兩個特徵進行匹配，為使用者進行推薦呢？

已知，圖書 j 的特徵可以用 $d_j=\{w_{1j}，w_{2j}，w_{3j}，……，$

w_{mj}}來表示,使用者 k 的偏好特徵可以用 U_k= {u_{1k},u_{2k},u_{3k},......,u_{mk}} 表示。我們可以透過計算向量 d_j 和 U_k 的距離,來衡量圖書特徵及使用者偏好特徵之間的相似度。

如果使用者對某本圖書很感興趣,那麼圖書特徵及使用者偏好特徵之間的相似度就會很高。

衡量向量距離有多種方案:歐氏距離、曼哈頓距離、切比雪夫距離、餘弦相似性等。此處,我們將使用餘弦相似性建構相似度矩陣。

餘弦相似性透過計算兩個向量的夾角餘弦值來評估它們的相似度,如圖 4-9 所示,兩條直線表示兩個向量,它們的夾角可以用來表示相似度大小,角度為 0 時,餘弦值為 1,表示完全相似。

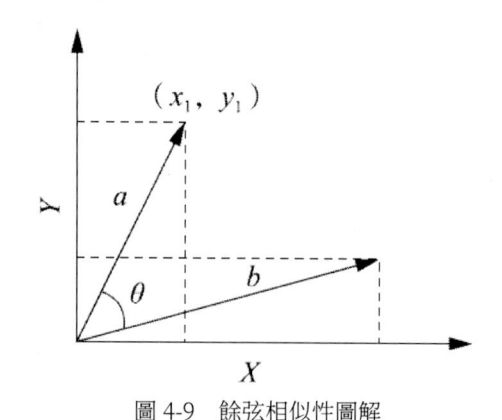

圖 4-9 餘弦相似性圖解

餘弦相似性的公式為:

$$Similarity = \cos(\theta) = \frac{A \cdot B}{\|A\| \cdot \|B\|} = \frac{\sum_{i=1}^{n} A_i \cdot B_i}{\sqrt{\sum_{i=1}^{n} A_i^2} \cdot \sqrt{\sum_{i=1}^{n} B_i^2}} \quad (4.5)$$

此處，使用者 k 的偏好特徵向量與圖書 j 的特徵向量之間的距離，可表示為：

$$Score = \cos(\theta) = \frac{U_k \cdot d_j}{\|U_k\| \cdot \|d_j\|} = \frac{\sum_{i=1}^{m} u_{ik} \times d_{ij}}{\sqrt{\sum_{i=1}^{m} u_{ik}^2} \times \sqrt{\sum_{i=1}^{m} d_{ij}^2}} \quad (4.6)$$

最後，將相似度較高且使用者未曾閱讀過的圖書推薦給使用者 k。

(4) 基於內容的推薦演算法的優缺點

①優點：直觀易懂；容易解決冷啟動問題；演算法實現相對簡單；非常適合標的物快速成長的、有時效性要求的產品。

②缺點：推薦範圍狹窄，新穎性不高；需要知道相關的內容資訊，且處理起來較困難；難將長尾標的物分發出去；推薦精準度不太高。

4.1.6 基於模型的推薦

推薦系統可以分為基於記憶的推薦系統和基於模型的推薦系統。前面介紹的協同過濾和基於內容的推薦，就屬於基

於記憶的推薦系統,它賴於簡單的相似度計算。雖然基於記憶的推薦方法具有較高的精確度,但會遇到資料稀疏及擴展性等問題。

基於模型的推薦方法能夠在一定程度上解決資料稀疏等問題,它使用機器學習演算法,對物品的向量進行訓練,從而建立模型,來預測使用者對新產品的評分。目前,基於模型的主流技術有矩陣因子分解、基於機率分析的推薦方法(如貝氏分類器)等。

以下將透過相關案例,具體講解基於貝氏分類器的推薦。

在計算使用者 U_1 對物品 I_2 的評分時,4.1.4 介紹了如何使用協同過濾演算法來完成任務,其過程中只做了相關的數學運算,並未建立任何資料模型。此處,我們試著將這個問題轉換為機器學習問題,比如分類問題。

如圖 4-10 所示,需要預測使用者 U_1 對物品 I_2 的評分。我們可以將 (U_2,U_3,U_4,U_5) 看成模型輸入的屬性值,再將第一列 U_1 的數值看成模型輸出的標記,標記集合為 {1,2,3,4,5},分別表示評分為 1,2,3,4,5。此時,可以透過 (U_2,U_3,U_4,U_5) 來預測 U_1,即將一個協同過濾問題轉換為一個五分類問題。例如第一個訓練樣本 (4,3,4,2) → 4,第二個訓練樣本 (1,2,Ø,3) → 5,第三個訓練樣本

(Ø，4，Ø，5) → 5。透過訓練這三個樣本，建立模型，進而預測輸入 (2，Ø，4，1) 時的輸出值，即使用者 U_1 對物品 I_2 的評分。

因用於訓練的資料是稀疏的，不能使用一般的分類器來預測。Do-mingos 等 (1997) 和 Ng 等 (2002) 提出，貝氏分類器引入了屬性條件獨立性假設，能夠避免樣本稀疏的問題。因此，我們將採用貝氏分類器進行預測，來判斷哪個標籤最有可能，即後驗機率最大。

此處，涉及貝氏分類器的後驗機率計算及拉普拉斯平滑的運用。由於該計算不是本節的重點，故只給出計算結果：

$$Class = \mathop{\text{argmax}}_{c_j \in \{1,2,3,4,5\}} P(c_j) P(U_2=2 \mid U_1=c_j) P(U_4=4 \mid U_1=c_j) P(U_5=1 \mid U_1=c_j)$$
$$= \mathop{\text{argmax}}_{c_j \in \{1,2,3,4,5\}} \{0, 0, 0, 0.0031, 0.0019\} = 4$$

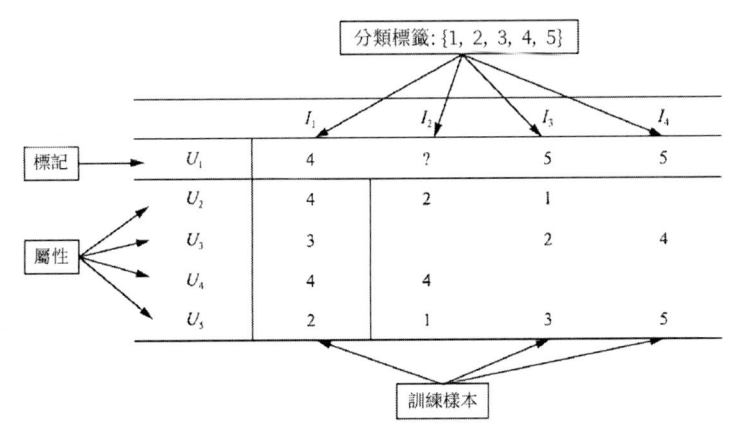

標記/屬性		I_1	I_2	I_3	I_4
標記	U_1	4	?	5	5
屬性	U_2	4	2	1	
	U_3	3		2	4
	U_4	4	4		
	U_5	2	1	3	5

分類標籤: {1, 2, 3, 4, 5}

訓練樣本

圖 4-10　基於模型的演算法資料

從上面計算結果得出：當 $(U_2, U_3, U_4, U_5) = (2, \emptyset, 4, 1)$ 時，$U_1=4$ 的機率最高，為 0.0031。因此，使用者 U_1 對物品 I_2 的評分預測為 4。

4.1.7 混合推薦

首先，前文已經介紹了三種主流的推薦演算法：基於內容的推薦、協同過濾以及基於模型的推薦。這三種演算法所使用的輸入資料各有不同，如協同過濾根據近鄰的興趣愛好來預測使用者對新產品的評分，需要使用群體資料（如評分）；而基於內容的推薦，透過計算使用者喜好特徵與產品特徵的相似度，來實現推薦排序，它更依賴產品描述。演算法所使用的資訊源越豐富，意味著演算法考量得越全面，但沒有一個演算法能完全使用所有資料。

其次，每種演算法都各有利弊，如協同演算法具有推薦新資訊的能力，但其面臨冷啟動、資料稀疏性及演算法擴展性問題；基於內容的推薦方法簡單直觀，但其面臨推薦範圍狹窄、推薦精度較低等問題。可見沒有一個演算法能夠包含所有的優點，或者能夠避免所有的弊端。

基於以上兩個方面，我們希望建構一個混合推薦系統，將多個演算法組合在一起，使推薦系統不僅能夠結合各演算法的優點，還能使用更多資訊。

Robin Burke（2002）將混合推薦演算法的混合類型分成以下7類：加權、交叉、切換、特徵組合、層疊式、特徵補充、級聯式。這7類混合方式可以按照處理流程分為三大類：並行式、整體式、生產線式。它們之間的對應關係如下：並行式包括加權、切換、交叉；整體式包括特徵組合、特徵補充、級聯式；生產線式：層疊式。

(1) 並行式混合推薦系統

並行式混合推薦系統根據混合機制，將不同的推薦演算法進行整合。其中，各推薦演算法獨立執行，並分別產生一個推薦列表。隨後將各推薦演算法的輸出，透過加權、切換、交叉等策略進行混合，以作為整個推薦系統的輸出。

①加權混合策略。

加權混合策略將不同演算法生成的結果，進行加權結合，最終獲得混合系統的推薦結果。如圖 4-11 所示，假如我們需要預測使用者 a 對物品 i 的評分，那麼每個演算法生成一個評分結果 score $_{(k,i)}$，再對這些得分進行線性加權，最終得到使用者 a 對物品 i 的評分 final_Score$_i$：

$$final\_Score_i = \sum_{k=1}^{n} \omega_k \cdot score_{(k,\ i)} \qquad (4.7)$$

其中，ω_k 代表演算法 k 的權重，且 $\sum_{k=1}^{n} \omega_k = 1$。score $_{(k,i)}$ 代表由第 k 個演算法得出使用者 a 對物品 i 的評分。使用同樣的

方法，得出使用者 a 對其他物品的得分 final_Score$_i$，最後對這些得分進行排序，依次推薦給使用者 a。

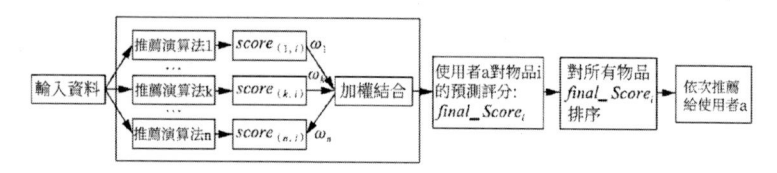

圖 4-11　加權混合策略

加權混合推薦系統能夠簡單地對多個推薦演算法的結果進行組合，提高推薦精度。同時，也可以按照使用者的回饋，調整每個演算法的權重 ω_k。

② 切換混合策略。

儘管上述加權混合系統有非常高的推薦精度，但系統複雜度和運算負載都較高。在實際應用中，往往會使用較為簡單的切換混合系統。

切換混合策略需要根據使用者紀錄或推薦結果的品質來決定在哪種情況下應用哪種推薦系統，即在不同的問題背景下，使用不同的推薦演算法，如圖 4-12 所示。例如 Billsus 和 Pazzani（2000）提到的 NewsDude 系統，先使用基於內容的最近鄰推薦演算法來尋找相關報導，如果該演算法找不到，則切換為協同過濾演算法，以進行跨類型推薦。

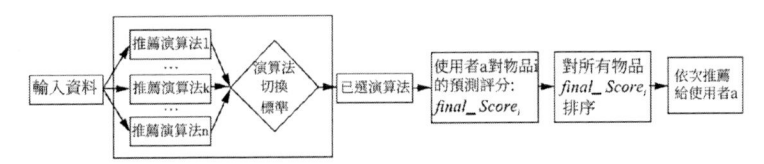

图 4-12　切换混合策略

③交叉混合策略。

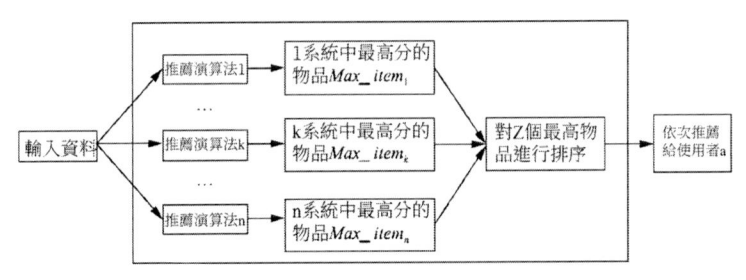

交叉混合策略会将每个系统得分最高的物品，逐一推荐给使用者，如图 4-13 所示。不同使用者对待同一件事物的着重点有所不同，与之相应的是不同演算法的观察角度不同。交叉混合策略考量多个演算法的推荐结果，因此能够保证最终推荐结果的多样性。

图 4-13　交叉混合策略

(2) 整体式混合推荐系统

整体式混合推荐系统的实现方法是透过对演算法进行内部调整，从而利用不同类型的资料输入。整体式混合推荐系统有特征组合、特征补充及级联策略，下文仅对特征组合进行讲解。

特徵組合混合策略是將來自不同演算法的資料來源特徵進行組合，如圖 4-14 所示。不同的演算法使用不同的資料來源，如基於內容的推薦演算法，使用的是物品的描述特徵；基於社交的推薦演算法，使用的是使用者的社群網路資料。預先對不同演算法的特徵進行組合，為後續的混合推薦演算法所使用，能夠從多角度出發，挖掘使用者的興趣。

該策略可以運用到多個領域，如短影片推薦。系統可以將協同特徵（如使用者的喜好）與基於社群的社交關係特徵組合起來，使系統既可以透過使用者行為挖掘使用者興趣，又可以透過了解周圍使用者，投射出該使用者的興趣。

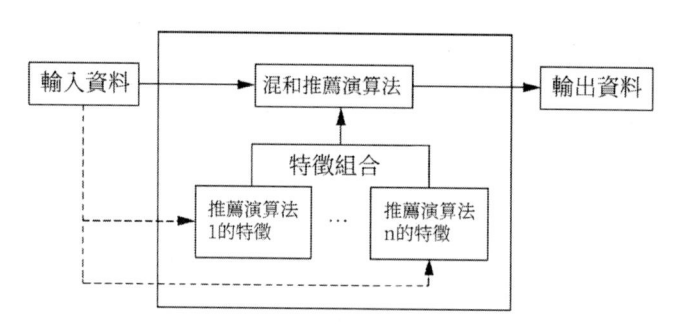

圖 4-14　特徵組合混合策略

(3) 生產線式混合推薦系統

生產線式混合推薦系統將流程分成幾個階段，依次作用，產生推薦結果。其中，層疊式混合策略屬於生產線式混合推薦系統。

層疊式混合策略採用了過濾的設計思想，推薦演算法按順序排列，後面的推薦演算法最佳化前面的推薦結果。因此，排在後面的推薦演算法，將會基於前面所得到的推薦列表進行推薦，如圖 4-15 所示。

輸入資料 → 推薦演算法1 → 候選集1 → … → 候選集n-1 → 推薦演算法n → 候選集n → 最終候選集

圖 4-15　層疊式混合策略

4.1.8 推薦演算法的應用案例

推薦系統已經應用到生活的各方面，如網路購物、音訊影片、諮詢新聞等。下面將以 PLARS 推薦系統為例，透過講解其體系結構及推薦過程，展示推薦系統的實際應用。

PLARS 是知識學習類推薦系統，為從業人員和開發人員提供個性化的知識服務，有助於他們利用資訊科技來促進工作場所的學習，並影響組織的學習策略。

工作場所學習具有動態性和工作任務導向性，因此 PLARS 推薦系統將結合主動學習與基於內容的推薦方法，來應對上述挑戰。主動學習方法可以使用互動過程向使用者蒐集回饋，接收新資料，並相應地更新推薦模型，因此可以動態地獲取使用者的學習需求。然而，主動推薦方法始終有賴於歷史評級資訊。基於內容的推薦方法，除了利用使用者的

評級資訊外,還利用對象的屬性,能夠減輕推薦系統冷啟動的問題。

PLARS 推薦系統的體系結構包含四個過程,如圖 4-16 所示。

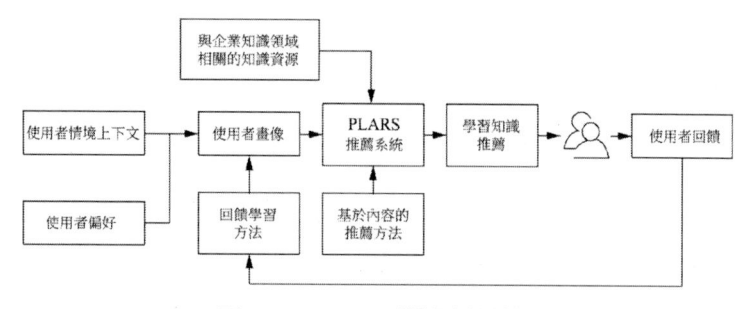

圖 4-16 PLARS 推薦系統結構

(1) 辨識知識資源

在此應用場景中,知識資源主要有兩種來源:企業內部的知識系統和外部的知識提供者。企業內部的知識系統儲存各種類型的內部知識,如操作說明等。外部的知識提供者通常提供預定主題的模組化學習材料。該步驟需要驗證外部知識資源與企業知識的相關性,並檢查其內容品質。

(2) 辨識使用者偏好

使用者畫像包含使用者的偏好資訊、上下文資訊和購買物品的評級資訊,推薦系統可以透過使用者畫像,來辨識使用者的興趣愛好。鑑於最初的系統實現階段缺乏使用者評級

資料，可以先讓使用者明確定義自己的偏好。除了使用者偏好外，PLARS 系統還包括使用者的工作職能，以作為描述使用者需求的上下文因素。同時，系統將採取回饋學習方法，透過使用者對推薦內容的評級，即時更新使用者畫像。

(3) 檢索學習材料

從知識庫中檢索學習材料，採用基於內容的推薦方法，計算使用者畫像（特徵）與學習材料之間的相似性。相似性分數越高，顯示文件和使用者偏好之間的匹配度越高。此處的物品評級資訊，會透過回饋學習方法不斷更新，因此使用者畫像及相似度計算也在不斷更新，能夠得到動態的內容推薦。

(4) 使用者回饋學習

回饋學習方法透過使用者回饋來更新使用者畫像。使用者和推薦系統之間的互動，通常遵循四個階段的電子學習生命週期，包括自我評估、制定學習意圖、選擇學習活動和學習行動，每個學習週期的完成，可以視為一輪學習。在 PLARS 推薦系統中，每一輪學習都會產生一個學習知識推薦。

4.2 資料科學在智慧醫療中的應用

隨著健康醫療巨量資料的快速發展，資料科學與醫療領域的研究和工作的關係越發密切，智慧醫療已經成為醫療領域資料科學應用的典型案例。本部分內容以智慧醫療為例，對資料科學在醫療領域的作用進行介紹，內容包括健康醫療巨量資料和智慧醫療基本概念、發展現狀、當前挑戰和應用場景的介紹。

4.2.1 基本概念

(1) 健康醫療巨量資料的概念

健康醫療巨量資料泛指所有與醫療和生命健康相關的數位化的巨量資料 (Bates，2014)。從覆蓋範圍而言，健康醫療巨量資料既可以表示包括目標國家或地區的全部人口健康資料，也可以表示單一對象，如醫院或單獨個人的全部健康資料。不能僅僅從資料量來界定是否為巨量資料，必須考量資料是否在性質等方面已發生了根本性變化。表 4-4 為健康醫療巨量資料組成部分的具體範圍。

表 4-4　健康醫療巨量資料組成部分的具體範圍

組成部分	概念範圍
臨床巨量資料	主要目標為關注個人身體健康狀況,包含電子健康檔案、生物醫學影像和訊號,及檢查、檢驗報告等資料
健康巨量資料	包含對個人健康產生影響的生活方式、環境和行為等
生物巨量資料	從生物醫學實驗室、臨床及公共衛生領域獲得的基因組學、轉錄組學、實驗胚胎學、代謝組學等研究數據
平臺巨量資料	指各類醫療機構、保險、醫藥企業等營運產生的資料,包括不同病種治療成本與報帳數據、成本核算數據、藥品、耗材及醫療器械採購與管理數據、藥品研發數據及產品流通數據等

　　健康醫療巨量資料的主要來源是患者就醫過程中產生的資料、臨床醫療研究和實驗室數據、製藥企業和生命科學數據及智慧穿戴裝置帶來的健康管理數據等。

　　①患者就醫過程中產生的資料:健康醫療的對象是患者,以患者為中心,從掛號開始,病人便將個人姓名、年齡、電話等資訊完全輸入;看診過程中患者的身體狀況、醫療影像等資訊,也會被錄入資料庫;看病結束後,費用資訊、報帳資訊、醫保使用等資訊,被新增到醫院的大資料庫裡面。這就是醫療巨量資料最基礎、最龐大的原始資源。

②臨床醫療研究和實驗室資料：主要是實驗中產生的數據，也包含患者產生的數據，沒有嚴格的邊界區分。

③製藥企業和生命科學資料：藥物研發所產生的數據是相當密集的，對中小型企業也在百億位元組（TB）以上。生命科學領域數據包括核酸、基因、蛋白質序列數據，以及特定主題的實驗或臨床獲取的資料，具有量大、多源異構、整合分析複雜的特點（鄒麗雪等，2016）。[07]

④智慧穿戴設備帶來的健康管理資料：隨著移動設備和行動網路的飛速發展，行動式可穿戴醫療設備正在普及，個體健康資訊都將可以直接連結網路，由此將實現對個人健康資料進行隨時隨地的採集，而帶來的資料資訊量將是不可估量的。

(2) 智慧醫療的概念

智慧醫療是 5G 技術在物聯網應用中的一個十分重要的場景。在 5G 網路下，診斷和治療將突破原有的地域限制，醫療資源更加平均。健康管理和初步診斷將家居化，醫生與患者可以實現更高效能的分配和對接。5G 時代，傳統醫院將向健康管理中心轉型。隨著 5G 技術的進一步商用、普及，5G 技術下的智慧醫療將得到更多應用，醫療水準、醫療技術也可以得到進一步提升。例如新型冠狀病毒肺炎疫情出現

---

[07] 鄒麗雪，歐陽崢崢，王輝等.生命科學領域科研資料倉儲特點及服務分析 [J]. 圖書情報工作，2016，60（7）：8.

後，基於 5G 技術，搭建遠端醫療會診平臺，該平臺可以減少、甚至杜絕醫生與患者的直接接觸，是 5G+ 智慧醫療的成功案例。

4.2.2 發展現狀

(1) 健康醫療巨量資料的發展現狀

隨著雲端時代的來臨，眾多先進國家對健康醫療巨量資料服務平臺的建設工作頗為重視，並圍繞著下一階段的管理、技術提升和應用，展開激烈競爭。

(2) 智慧醫療發展現狀

高度智慧化的醫療資訊網路平臺體系，能縮短患者的服務等待時間，降低醫療服務費用，使患者享受更優質、更方便、更安全、更人性化的醫療服務。另外，雲端運算、巨量資料、物聯網、行動網路等新興資訊科技的興起，已經對金融、零售、物流、製造等多個行業，產生深遠的、乃至革命性的影響。這些影響不僅是技術上效率的提升，而且逐步改變了人們的生活和生產方式，改變了商業的競爭格局，甚至推動著體制的變革。

智慧醫療是智慧城市策略規劃中一項重要的民生領域的應用，也是民生經濟帶動下的產業更新和經濟成長點，其建設應用是大勢所趨。近幾年，各國家政府部門積極頒布政

策,推動智慧醫療的發展。

智慧醫療的發展分為七個層次:一是業務管理系統,包括醫院收費和藥品管理系統;二是電子病歷系統,包括病人資訊、影像資訊;三是臨床應用系統,包括診間醫令系統(CPOE)等;四是慢性疾病管理系統;五是區域醫療資訊交換系統;六是臨床決策支持系統;七是公共健康衛生系統。

4.2.3 當前挑戰

(1) 健康醫療巨量資料面臨的挑戰

在健康醫療巨量資料的發展和應用過程中,資料安全是重中之重。資料安全需要相關制度的有效支持。個人隱私問題是健康醫療巨量資料應用的重要問題之一。法律層面上,應該發表相關的法律、法規,規定資料使用過程中的職責許可權,保護個人隱私;確立使用程序和監管責任,保證每個部門都清楚自身的職責義務。

在建立健康醫療巨量資料的採集、互通管道和機制後,政府應該制定健康醫療巨量資料的行業標準和統一格式,為健康醫療巨量資料的分析和應用提供便利。應將健康醫療巨量資料與政府決策、醫療工作、衛生管理等深度結合,以實際的應用需求為導向,挖掘健康醫療巨量資料的價值。

(2) 智慧醫療當前面臨的挑戰

① 資源互通。

資料資源的流動和互通、資料共享及系統連接,是智慧醫療發展面臨的巨大挑戰,也是制約醫療行業數位化發展的關鍵。智慧醫療的一項主要應用,是智慧病理診斷系統,巨量臨床資料的支持,是系統開發的前提。如果能夠做到有效的資料共享與資源互通,那麼將有助於提升產品研發速度,加快應用落地,為當前醫療工作中的醫療資源缺乏問題提供解決方案。

伴隨著以巨量資料、雲端運算、物聯網為代表的一系列新技術的引入,醫院的資料庫將逐漸統一化、雲端化,在有效保護資料安全和隱私的前提下,實現醫療資源的互通。

② 政策和倫理。

以巨量資料、人工智慧為代表的一系列資料科學前沿技術,在應用到醫療活動中時,對政策、規章制度和道德倫理問題,提出了重大挑戰。

當前有許多研究已經正視智慧醫療相關技術在醫療活動中的應用效果,也有許多醫生開始嘗試應用智慧醫療輔助臨床診療工作。但是智慧醫療提供的診療結果的有效性,以及患者的接受度,是當前面臨的重大倫理問題。如何使患者接

受智慧醫療這種服務模式，並信賴智慧醫療的服務效果，是當前需要解決的重大問題。

③經濟價值的創造。

智慧醫療的價值不僅僅展現在技術價值上，更包括經濟價值。這裡需要注意的是，人工智慧或巨量資料相關產品，並未在醫療健康領域產生足夠的經濟價值，比如某些穿戴式裝置，不是所有的人工智慧技術或產品，都適用於醫療健康領域。對於智慧醫療產品的價值判斷，不能一概而論，要客觀、實事求是。

4.2.4 應用場景

(1)健康醫療巨量資料的應用場景

健康醫療巨量資料的應用不僅僅局限於診療活動，而是與整個健康活動密切相關。資料跨部門、跨系統流通的需求日漸突顯，區域健康醫療巨量資料的共享應用價值，已得到政府部門、醫療界、學術界和產業界的普遍認可。當前的健康醫療巨量資料應用場景，主要包括以下內容：

①臨床診療。

健康醫療資料應用，是實現分級診療制度和遠端醫療工作開展的必要基礎。

②患者獲取資訊。

患者獲取資訊是指醫療機構將持有的病歷資訊向患者公開，患者可透過網路或行動網路，隨時、隨地下載個人病歷紀錄，並可提供二次使用。開放的病理資訊應該是完整、數位化、便於下載和處理的。

③公共衛生資訊共享。

美國衛生資訊機構（HIOs）已經建立了一個包括公共衛生資訊系統、臨床資訊系統以及多方利益相關者在內的衛生資訊交換系統，以實現資料共享（胥婷，于廣軍，2020）。

④行政管理決策。

醫院內部管理資訊系統涉及醫院營運、績效、財務和後勤等行政業務資訊系統，系統之間相互獨立，對一般行政工作人員來說，這可能會造成行政工作流程複雜化、部門間重複勞動；對醫院管理者而言，缺乏跨業務系統的資訊整合，將造成資料統計結果不全面，從而影響決策的科學性。在衛生資源調控、政策制定、績效評價、監督以及資料深度挖掘利用等方面，應發揮巨量資料的應用價值。

⑤科學研究使用。

科學研究資料的應用方式有兩種。一種是以醫院原有的臨床、公共衛生資料庫完成資料獲取、管理及科學研究。另一種是建立專門的科學研究資料開放平臺，蒐集異源多元的

健康醫療資料或科學研究資料，以結構化的形式儲存，面向特定人群開放。也有學者提出傳統的、透過建立中心平臺實現資料共享的模式，具有風險及不可控的缺陷，提出了以跨網路的分散式安全計算為基礎的去中心化科學研究資料儲存、共享模式，具有高效能安全的優勢。

(2) 智慧醫療

「大健康」概念正在醫療領域引領一場變革，未來的醫療健康市場規模將會不斷擴大。以下對智慧醫療的典型應用場景進行介紹。

① 老人健康。

老年服務機器人的研發。目前日本、法國等國家已研發出用於輔助老年人生活的機器人。這些機器人能夠按照語音指令開展行動，幫助老年人彎腰拾取物品、自主導航、送老人到達目標地點 (羅堅，2016) [08]。未來，具有更多功能、更加智慧的老年服務機器人，會是智慧醫療的重要產品之一。

② 模擬醫學。

模擬醫學系統開發。美國是目前模擬醫學領域的領導者，已經將模擬醫學列為單獨學科，進行深入的探索和研究。模擬醫學的主要價值，在於透過對患者各方面資料的採集，來模擬患者的真實情況，從而幫助醫療人員模擬患者的

---

[08] 羅堅. 老年服務機器人發展現狀與關鍵技術 [J]. 電子測試，2016（3X）：2.

診療過程，透過實驗、計算、分析，為患者尋找最佳的診療方案，為患者提供高效能、高品質的診療服務，最大限度地避免醫療事故。

③多學科會診。

智慧多學科會診也是智慧醫療的主要應用領域。多學科會診的主要目的在於透過線上對患者的情況進行分析、判斷，為患者的用藥提供指導，為患者的健康管理提供幫助，並在患者前端直接實現分級診療。

④智慧醫院系統。

智慧醫療未來會深度植入醫院管理系統中，服務於各個子系統。比如藥品管理系統、耗材管理系統、醫療安全監控系統，以實現對人力資源的最佳化利用。

⑤衛生防疫。

衛生防疫領域同樣是智慧醫療的重要應用場景。在新興傳染病出現後，提前預測疫情爆發，為相關部門的疫情控制工作提供準備時間，降低疫情影響；在疫情爆發後，利用巨量資料技術，迅速知道傳染源和病源地，並進行防控。

⑥衛生監督。

衛生監督領域同樣可以應用智慧醫療技術。包括醫院的汙水排放問題，可以應用物聯網技術進行檢測，從而對醫院管理進行評估，提升環境汙染問題的治理效果；對於醫院服

務品質問題,可透過雲端的患者調查,進行快捷、有效、真實的評價,提升醫療服務品質。

⑦個人健康管理。

個人健康管理系統的建立,需要智慧醫療的支持。透過穿戴式裝置等技術,對個人健康進行全面、即時、準確的監測,可以大大提升個人健康,避免因為就診不及時而造成嚴重後果。

4.3 資料科學在電子商務中的應用

4.3.1 電子商務發展現狀思考

網路的高速發展,一方面為電子商務的發展提供了機遇,另一方面也帶來了新的挑戰。智慧型手機的普及,使人們開始習慣從電商平臺購買所需要的物品,但隨著電商平臺數目的增加,該行業的競爭愈演愈烈。如何在眾多電商平臺中脫穎而出,獲得消費者的青睞,是多數電商平臺需要考慮的問題。在巨量資料時代下,藉助電商平臺中眾多的消費者行為數據,透過資料探勘的方式,我們可以獲得資料背後有價值的資訊,幫助電商平臺更能迎合消費者的需求,提高自身的競爭實力。

(1) 發展現狀

巨量資料時代的來臨,推進了電子商務行業的發展變革。相比傳統的線下零售管道,線上電子商務平臺擁有更廣泛、更龐大的資料量,這其中包含了消費者的商品瀏覽紀錄、消費者的購買紀錄、消費者的評價等資訊。電商平臺可以透過巨量資料技術,對消費者的行為數據進行採集,進而對資料進行挖掘,幫助企業更能滿足消費者的需求。

目前許多電商平臺都會對消費者進行個性化的推薦。消費者在進行購物時,可以透過網路管道,獲取來自眾多電商企業的產品。隨著資訊量的不斷增加,消費者處理資訊的成本越來越高,因此電商企業可以根據消費者先前的瀏覽及消費數據,為消費者個性化推薦類似的產品,並針對兩個或多個相似的消費者,他們瀏覽或購買的商品,也可以在他們之間進行互相推薦。除個性化推薦之外,許多電商平臺依巨量資料及雲端運算,為消費者提供更強大的資訊搜尋服務,從原本的文字搜尋,擴展到如今的圖片搜尋,大大方便了消費者的商品檢索。對於消費者的購買評論,電商平臺能夠據此挖掘出有利於改善電商平臺服務的針對性資訊,生產商也能根據消費者的評論,發現自身產品的不足之處,為下一輪產品的更新提供參考。

(2) 面臨的挑戰

雖然龐大的資料量給了電商平臺挖掘消費者行為數據的機會，但是巨量資料時代的到來，也為電子商務的發展帶來新的挑戰。首先，龐大的使用者行為數據，加大了企業資料探勘利用的成本。資料的形式是多樣的，除了文字資料，還有圖像資料等，對大多數中小型商家來說，資料探勘利用成本過高。其次，在資料分析加工過程中，對技術的要求很高，簡單的 Excel 等處理軟體，已經無法滿足巨量資料時代的需求。因此，電商企業若想在競爭中立於不敗之地，就必須充分了解巨量資料時代資料探勘的方法技術，招攬相關的技術人才。

4.3.2 電子商務資料分析

在電子商務平臺中，最常見的是文字資料，因此本節著重介紹電子商務平臺中文字資料的相關處理方法、步驟，展示如何從文字資料中挖掘出有價值的資訊。

(1) 文字資料採集

進行文字處理與挖掘之前，需要進行文字資料的採集。資料的來源通常包括兩種，一種是來自公共社群網路，例如 IG 發文及下面的留言、電子商務平臺的商品評論等，這些資料可以透過網路爬蟲的方式爬取；另一種是一些專用的資料，例如醫療資料，只能透過醫療機構內部專用網路獲取，這些

資料想透過網路爬蟲的方式,是無法獲取的。本書說明網路爬蟲常用的函式庫及撰寫網路爬蟲的流程。

網路爬蟲所使用最主要的一個函式庫是 Requests 庫,用於發送請求與傳遞引數。Requests 可以發起不同的請求,如 GET 請求、POST 請求、PUT 請求、DELETE 請求、HEAD 請求、OPTIONS 請求,但對 Web 系統,一般只支援 GET 請求和 POST 請求,這些方法接口樣式是統一的(見表 4-5)。

表 4-5 GET 請求和 POST 請求接口樣式

GET 請求	requests. get(url,headers,cookies,params)
POST 請求	requests. post(url,headers,cookies,data)

使用 Requests 方法後,會返回 Response 對象,其儲存了伺服器響應的內容。使用過程中需要注意的是,如果返回的 Response 對象後面帶有響應狀態碼,2 開頭表示訪問正常,4 開頭表示爬蟲被網站封鎖,5 開頭表示伺服器出現問題。Response 對象的方法中,最常用的是 response. json()和 response. text(),用於獲得 json 格式和 html 格式的網頁數據。

除此之外,網路爬蟲經常使用的另一個函式庫是 JSON 庫。該函式庫解析 JSON 後,能夠透過 json. load()將其轉換為 Python 字典或列表;反之,它也可以透過 json. dump()將 Python 字典或列表轉換為 JSON 字串。在爬蟲過程中,常使用 json. load(),將返回的 JSON 字串轉換為 Python 字典或列表。

爬蟲主要分為以下幾個具體步驟：

第一步，判斷網頁是動態網頁還是靜態網頁。開啟想要爬取的網頁，瀏覽頁面，透過點選「上一頁／下一頁」，觀察頁面網址是否發生改變，若發生改變，則說明該網頁是一個靜態網頁，爬蟲步驟相對簡單；若點選「上一頁／下一頁」後，頁面網址並未發生改變，則說明該網頁是一個動態網頁。針對動態網頁，在爬蟲之前，需要開啟網頁的開發者工具，對該網頁進行刷新，透過檢視 Network 資訊發現規律，從而找到真正的網址。

第二步，觀察網站是否有反爬機制。透過上文介紹的 Requests 庫判斷，如果爬蟲被網站封鎖，此時需要從開發者工具中找到 User-Agent 和 Referer 兩個引數的內容。User-Agent 和 Referer 都是 Headers 的一部分，User-Agent 通俗理解就是它可以告訴網站伺服器，訪問者是透過什麼工具來請求的，如果是爬蟲請求，一般會拒絕；但如果是使用者瀏覽器，就會應答。當瀏覽器向 Web 伺服器發送請求時，一般會帶著 Referer，告訴伺服器，該網頁是從哪個頁面連結過來的。如果使用了 Headers 後，還是得不到想要的網頁資料，那就加上 Cookies 引數，Cookies 指某些網站為了辨別使用者身分、進行 Session 跟蹤，而儲存在使用者本地終端上的資料（通常經過加密）。

第三步,需要在開發者工具中,找到評論具體位於哪一層級,即定位 html 中對應的節點及其屬性和含有的資訊。經過這三個步驟之後,就可以爬取所需要的資料,雖然文字資料中還存在一些雜訊,但經過後續的資料淨化,就可以得到乾淨的資料。本章的最後,會以一個例項展示文字資料的採集。

(2) 文字資料淨化

一般來說,專用的資料是較具規範的,而從公共平臺上獲取的資料,存在更多雜訊和一些非規範語言,故需要花費更多時間進行資料淨化。本節將說明常見的幾種文字資料格式,以及文字資料淨化的步驟和常用工具。

整體而言,常見文字資料的格式主要有五種。

第一種是 Excel 格式,Excel 是一種常見的資料分析和儲存工具,檔案字尾通常為「.xlsx」和「.xls」,Excel 中的資料是使用二進位制進行儲存的,故在 Python 中需要專門的函式庫來讀取(見圖 4-17)。

```
Importxlrd
Data=xlrd. open_ workbook(" 文件名 .xlsx")
Print(data)
```

圖 4-17　Excel 格式資料讀取方式

第二種是 CSV 格式，CSV 全稱是 Comma-Separated Values，以逗號為分隔符儲存表格資料，在 Python 中需要匯入 CSV 庫才可以正常讀取（見圖 4-18）。

```
Import csv
With open(" 文件名 . csv", encoding="utf-8")
as f:
Datas=csv. reader(f, delimiter=",")
For data indatas:
Print(data)
```

圖 4-18　CSV 格式資料讀取方式

第三種是 TXT 格式，在 Python 中可以直接透過 open 函數讀取 txt 格式的資料（見圖 4-19）。

```
Data=open(" 文件名 . txt", encoding="utf-8").
read()
Print(data)
```

圖 4-19　TXT 格式資料讀取方式

第四種、第五種分別是 PDF 格式和 Word 格式，Python 均不能直接讀取，需要分別安裝 PDFMiner 庫和 docx 庫。在網路爬蟲的過程中，最常見的是前三種文字資料格式，且不

同的文字資料格式,可以透過程式碼進行相互轉換,建議讀者在實踐的過程中逐步學習。

在了解文字資料的儲存格式之後,可以對文字資料進行淨化。文字資料之所以需要淨化,是因為從網路上爬取的資料中,會存在一些重複資料、錯誤資料(例如特殊字元、表情符號等不可辨識的數據)、矛盾數據(一些與事實不符的資料或前後矛盾的資料)、缺失數據。文字資料淨化是資料處理中非常重要的一部分,刪除冗餘的數據能提高資料處理的效率,但同時需要注意的是,在文字資料淨化之前所制定的文字資料淨化規則,對後續結果的影響很大。文字資料淨化可以透過 Python 程式設計,也可以透過一些資料庫,例如 SQL、MySQL 等。本節以 Python 程式設計為例,介紹文字資料淨化的步驟和工具。

文字資料淨化的第一步,需要對所爬取的本文資料有大致的了解,可以先借助 Excel 簡單處理資料,例如統一資料格式,或透過「尋找」、「替換」功能,去除一些沒有意義的符號、數據等。方便接下來透過 Python 程式設計對資料進行進一步的處理。

第二步,需要將文字切分為詞彙單位,這裡主要是指中文文字資料。因為英文文字本身就使用空格作為詞與詞之間的分隔符,因此對英文文字資料來說,只需要使用空格或標點

符號，即可完成詞語切分。對中文文字資料，通常採用 jieba 分詞庫對文字資料進行詞語切分，但需要注意的是，面對不同領域的文字資料，有時需要文字資料處理者根據爬取的文字資料內容，建立一個使用者自定義詞典，裡面包括一些熱門的網路用語、領域的專有名詞等，防止文字資料被錯誤地切分。

第三步，將文字資料切分為詞彙單位後，需要將一些無意義的停用詞，如「的」、「了」等去除，因為這些詞出現的頻率很高，但對文字資料區分並沒有實質性的意義，將停用詞過濾之後，能夠減少文字資料探勘系統的儲存空間，大大提高執行效率。在具體操作這一步時，需要文字資料處理者建立一個停用詞表，在建立的過程中，可以參考中文停用詞表的內容。至此，對中文文字資料的淨化完成，將資料儲存為 txt 或 csv 的格式，即可進行接下來的資料分析工作。

(3) 文字資料分析

在資料淨化完成後，便可對數據進行分析，發掘文字資料背後的一些規律資訊。對於文字資料的分析，本節主要介紹兩種方法，分別為 LDA 主題模型和情感分析。

隱含狄利克雷分布 (Latent Dirichlet Allocation，LDA) 主題建模，主要用於推測文件的主題分布，以機率分布的形式來給出文件集中每一篇文件的主題 (Blei D. et al.，2003)。舉例

來說，獲取今日頭條上某一天所有的新聞後，將其視為一個文件集，其中每篇新聞則視為一個文件，透過 LDA 主題模型，可以將這些文件劃分為不同的主題（如娛樂新聞、體育新聞或其他）。

LDA 主題模型是一種無監督的三層貝氏模型，它包含了詞語、主題、文件三層結構。所涉及的數學知識，包括二項分布、多項分布、Beta 分布、狄利克雷分布、EM 演算法、馬可夫鏈、伽瑪分布、吉布斯採樣（Gibs Sampling）等。在使用 LDA 主題建模之前，需要了解它的假設主要包含的內容：

①文件集中存在 k 個互相獨立的主題；

②每一個主題是詞語層上的多項分布；

③每一個文件都由 k 個主題隨機混合組成；

④每一個文件都是 k 個主題的多項分布；

⑤每一個文件的主題機率分布的先驗分布是狄利克雷分布；

⑥每一個主題中的詞語機率分布的先驗分布是狄利克雷分布。

在 LDA 主題模型中，文件的生成方式如圖 4-20 所示。

M 為文件的數量，N 為文件中的單字數；α 為主題分布的狄利克雷分布引數；β 為單字分布的狄利克雷分布引數；θ 為文件 m 的主題分布；Z 為從主題的多項式分布中取樣生成

文件 m 第 n 個詞的主題；φ 為主題 K 的詞語分布；W 為最終生成的詞語。

首先，從 α 中取樣，生成文件 m 的主題分布，記為 θ；其次，從主題的多項式分布 θ 中取樣，生成文件 m 第 n 個詞的主題，記為 Z；再次，從 β 中取樣，生成主題 Z 對應的詞語分布 φ；最後，從詞語的多項式分布 φ 中取樣，生成詞語 W（陳虹樞，2015）。

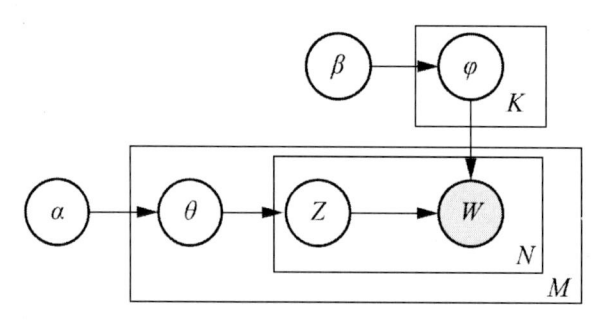

圖 4-20　LDA 主題建模基本原理

在使用 LDA 主題建模之前，需要確定主題 k 的值，k 值的確定，目前主要有以下 3 種方法：基於經驗、基於困惑度、基於餘弦相似性，感興趣的讀者可以在實踐中學習。在 Python 中，可以透過 Sklearn 機器學習庫實現 LDA 主題建模。但有時為了使結果更加直觀，可採用 LDAvis 視覺化結果。左側圓的個數代表主題的個數；圓的大小代表該主題中主題詞的數量大小；圓與圓的距離大小代表兩個主題的差異大小，若兩個圓出現重疊部分，則說明這兩個主題的主題詞存在重

疊部分。當用滑鼠點選左邊的圓時，右側的主題詞也會發生變化，表示的是不同主題下出現頻率最高的前 30 個主題詞，上端的 λ 引數用於調節某個主題下主題詞之間的相關性，如果 λ 越接近 1，那麼在該主題下越頻繁出現的詞，跟主題越相關；如果 λ 越接近 0，那麼該主題下越特殊、越獨有的詞，跟主題越相關，因此，可以透過調節 λ 的大小，來改變不同主題下主題詞的排序。相比 Python，R 語言更適用於 LDAvis 視覺化。

透過情感分析的方法，也能夠挖掘文字資料背後的資訊。情感分析（Sen-timent Analysis）又稱觀點挖掘、意見挖掘（Opinion Mining），該方法主要用於挖掘文字資料背後所表達的立場、觀點、看法、情緒等主觀資訊（劉林等，2014）。文字情感分析大致興起於 1990 年代，Riloff 和 Shepherd 建構了情感詞典的資料庫，為情感分析的發展奠定了基礎。由於情感分析可以用於許多領域，已經成為交叉學科的一個研究焦點（周立柱等，2008）。

根據研究的任務類型來劃分，情感分析可以分為情感分類、情感檢索和情感抽取等問題（趙妍妍等，2010），但目前大部分研究都將情感分析等同於情感分類，本節主要介紹情感分析中情感分類這個方法。簡單來說，情感分類是指將文字資料表達的主觀看法劃分成兩類（正面和反面）或三類（正面、反面和中性），甚至七類等。按照不同的層級，情感分類

又分為篇章級、句子級、屬性級情感分類，篇章級是判別整篇文件總體的情感面向；句子級就是判斷文件中每個句子的情感面向；屬性級是判別文字中特定屬性的情感面向。

傳統的情感分析主要採用兩種方法（趙妍妍等，2010）：

一種是基於情感詞典的方法，根據字典中劃分好的詞語的情感傾向，來判斷文字的情感。具體操作步驟是選擇相應的開源情感詞典，透過遍歷句子中的詞語，找出與詞典相對應的詞語，再透過對句子中這些詞語的褒貶程度，進行一些自定規則的計算，例如加權求和等，計算出句子級或篇章級的情感。在該方法中，情感詞典對情感分析的結果有著決定性的影響，目前較常用的情感詞典包括 GI（General Inquirer）英文評價詞詞典、英文情感詞典 MPQA、英文主觀詞詞典、英文情感詞典 SentiWordNet、臺灣大學（NTSUSD）中文情感極性詞典等。當然在實際進行情感分析的過程中，也可以透過語料來訓練符合文字內容的情感詞典。但自主建構情感詞典難度較大，除了要求具備較強的背景知識外，還需要深刻地理解不同語言的內涵。同時，需要注意的是，基於詞典的情感分類方法雖然容易操作，但精度不高，特別是對中文文字來說，語言高度複雜，難以做到準確。對一些新的情感詞，例如網路用語中的「emo」、等，詞典不一定能夠覆蓋。

另一種是基於機器學習的方法,該方法在完成了資料預處理後,需要透過人工來標注文字傾向性作為訓練集;緊接著再去提取文字的情感特徵,包括選取適合的語義單元作為特徵。為了提高分類的效率和準確性,需要去除特徵集中冗餘的特徵,進行特徵的權重計算;最後進行分類器的訓練,常用的分類器包括支援向量機、單純貝氏分類、最大熵等。傳統的情感分析方法,主要是使用詞袋模型(BOW)來表示文字,不考慮文法和語序的問題,因此忽視了情感詞的上下文資訊,這也是傳統情感分析方法最大的弱點。

近些年,深度學習的迅速發展,為情感分析提供了新的思路。基於深度學習的情感分類方法,在對文字資料進行預處理之後,接著對詞向量進行編碼,再將深度信念網路(Zhou S. et al.,2013)、循環神經網路(Richard S. et al.,2013)、卷積神經網路(Kim Y.,2014)等應用到文字資料分類中,解決傳統情感分析存在的問題,以達到提升情感分類的準確性的目的。

(4) 文字資料視覺化

透過一系列的步驟,最終可以獲得文字挖掘的結果。所謂「一圖抵千言」,正如在 LDA 主題模型中提到的 LDAvis 視覺化,透過資料的視覺化,可以將文字挖掘的結果更加直觀地展示出來,以方便理解。在資料視覺化方面,利用 R 語言,可以使用 LDAvis 視覺化資料,Python 也有 Matplotlib、 sea-born 等靜態圖表的繪圖庫。本節主要介紹 Matplotlib、seaborn 這兩個常用的圖表繪圖庫，Matplotlib 是 Python 資料視覺化的基礎繪圖庫，seaborn 則是基於 Matplotlib 發展而來的。

Matplotlib 圖主要包含以下幾個元素：一是 Figure，呼叫 Figure 可以建立一張畫布，從而設定畫布的大小，還可以將畫布分為多個區域，在每個區域上繪製單獨的圖形；二是 Axes 是指畫布上的軸，一張畫布上可以存在多個軸，例如二維圖形有兩個軸，三維圖形有三個軸。

在 Python 中，Matplotlib 使用 pyplot 模組來建立和繪製圖形，透過語句「import matplotlib. pyplot as plt」使用 Matplotlib 繪圖時，主要有三個步驟：一是建立畫布，確定好是否要建立子圖；二是選定畫布，若有子圖也需要選定子圖，然後傳入 x、y 軸的資料，並設定對應的刻度繪製圖形，繪製完圖形後，可以新增圖例；三是展示圖形或儲存圖形。Matplotlib 提供多種繪圖函數，其中較為常用的函數主要有 7 種。Plot 用於繪製線條圖以分析資料走勢；scatter 用於繪製散布圖以分析資料分布；hist 用於繪製直方圖以分析對比資料；bar 用於繪製條形圖以分析對比資料；barh 用於繪製水平方向的條形圖；pie 用於繪製圓餅圖；boxplot 用於繪製箱形圖。Matplotlib 官網中有許多圖形（見圖 4-22），圖形相應的程式碼也有提供，感興趣的讀者可以前往 Matplotlib 官網學習。

圖 4-22　Matplotlib 繪製的部分圖形

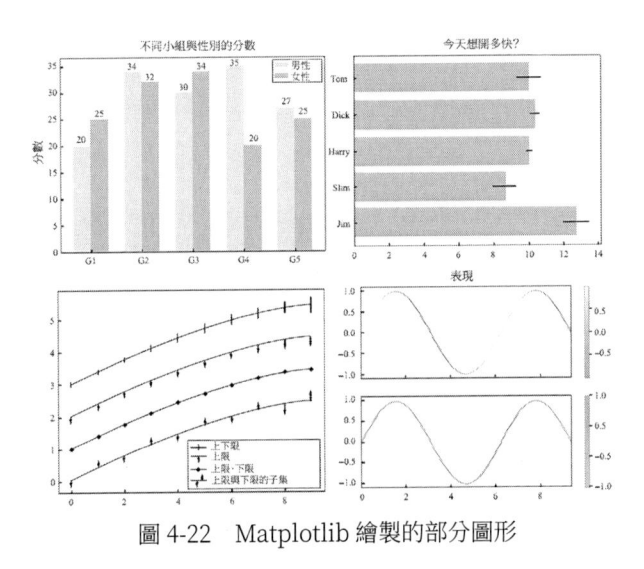

資料來源：https://matplotlib.org/。

　　Matplotlib 支援的圖表類型，seaborn 同樣支援，但在一般情況下，使用 seaborn 繪圖比直接使用 Matplotlib 更容易。原因主要有以下幾點：一是 seaborn 底層是基於 Matplotlib 繪圖，是 Matplotlib 的進一步封裝，因此接口的使用相對更簡單，直接使用語句「import seaborn as sns」即可，但若想應用進一步的自定義功能，則需要使用 Matplotlib；二是上文提到，若要透過 Matplotlib 在一個畫布上繪製多個圖形，則需採用子圖的方式，子圖的排列是按照行列劃分的，而 seaborn 的布局基於 FacetGrid 對象，能夠根據資料分類在同一平面上，自動對子圖進行布局；三是 seaborn 與 pandas 的整合度更高，因此在基於 pandas 的資料進行視覺化時，使用 seaborn

的效率會更高。

使用 seaborn 繪圖主要分為五個步驟：一是匯入 seaborn 繪圖庫，若想進一步自定義，則需要 Matplotlib；二是呼叫 set 方法設定圖形的主題，seaborn 使用 Matplotlib rcParam 系統控制圖形外觀；三是使用 load_dataset 或 pandas.read_csv 等方式載入資料集；四是呼叫 relpolt 方法繪製圖形，其中 x 和 y 引數決定點的位置，size 引數決定點的大小；col 根據「time」的值決定畫布所產生的子圖的數量，以及哪些資料會落在哪些子圖內；hue 和 style 決定點的顏色和形狀；五是呼叫 show 方法展示圖形。seaborn 官網中也有許多圖形（見圖 4-23），圖形相應的程式碼也有提供，感興趣的讀者可以前往 seaborn 官網學習。

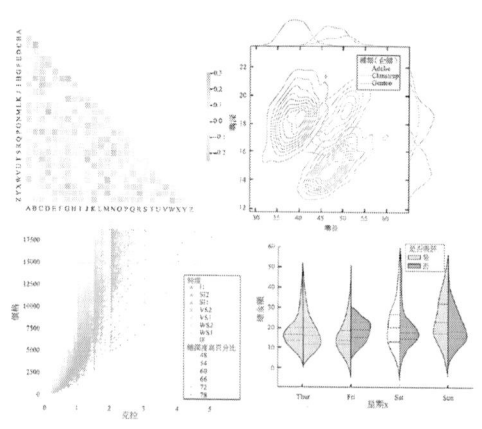

圖 4-23　seaborn 繪製的部分圖形

資料來源：http://seaborn.pydata.org/。

4.3.3 案例介紹

為了更容易理解網路爬蟲的步驟，本節以爬取某電商平臺的產品評論數據為例，介紹網路爬蟲的步驟。

第一步，找到網頁真正的網址。開啟需要爬取資料的電商平臺某產品的網頁，瀏覽網頁內容分布。找到產品留言區，點選留言區的「下一頁」，檢視網頁網址是否發生變化（本案例選取動態網站，故網頁網址會發生變化）。若網址會發生變化，則需要開啟開發者工具，檢視 Network 資訊發現規律，找到真正的網址。開啟開發者工具後（見圖 4-24），可以發現切換頁面時，「Page=3」這個引數會改變，因此找到了真正的網址。

若在撰寫爬蟲的過程中，發現該電商平臺存在反爬機制，則需要在開發者工具中找到 User-Agent 和 Referer 兩個引數的內容進行偽裝。若不存在，則繼續進行下一步驟。

第二步，需要在開發者工具中，找到評論具體位於哪一層級（見圖 4-25），即定位 html 中對應的節點及其屬性和含有的資訊。經過這一系列步驟，就可以從網頁上爬取所需的資料（見圖 4-26），將其儲存為 csv 檔案。程式碼如圖 4-27 所示（需根據實際情況修改）：

圖 4-24　開發者工具頁面

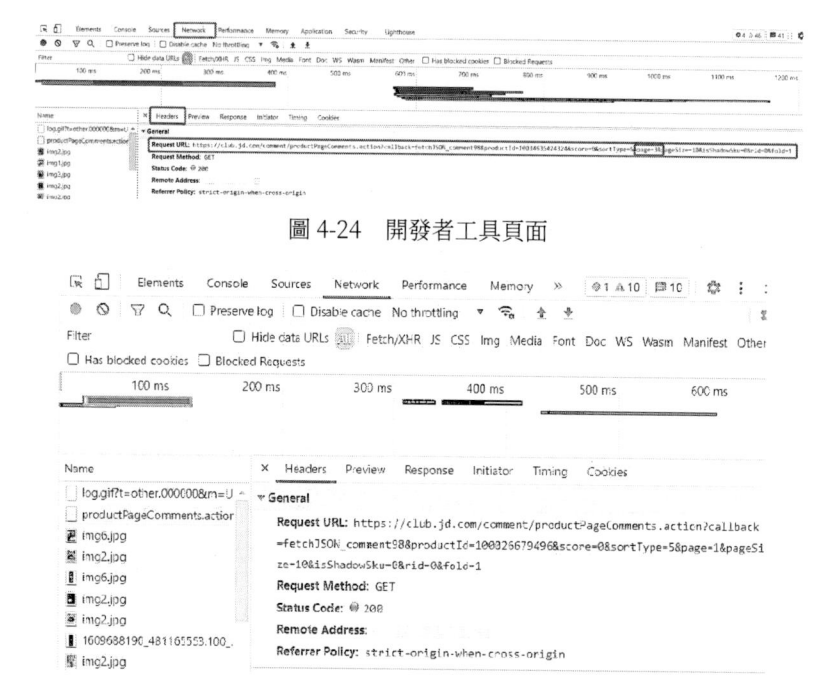

圖 4-25　定位 html 中對應的節點及其屬性和含有的資訊

一切都 ok 蘋果的確做到了精緻　2020-11-05　10:50:00

總體來說還是很滿意的，就是這個錶帶啊，卡不死，我試了好幾次，是帶扣的那一節錶帶的問題，中獎了，也懶得換了，網路再買一條錶帶看看行不行　2020-11-05　08:50:09

感覺還不錯，第一感覺很好　2020-11-05

> 01:04:50
> 很好看　是正品　喜歡呀　推薦購買
> 2020-11-04　23:30:53
> 做工品質：蘋果的手錶從沒有失望過
> 2020-11-04　22:01:22
> CP值很高,時尚漂亮,推薦購買　2020-11-04　21:35:16
> CP值很高,時尚漂亮,推薦購買　2020-11-04　21:34:47
> ……

圖 4-26　爬取的資料（部分）

```
import requests
import json
import csv
csvf=open('文件名.csv','a+',encoding='utf-8',newline='')
writer=csv.writer(csvf)
writer.writerow(('id','content','creationTime',))
headers={}# 寫入 "User-Agent" 和 "Referer" 參數
```

```
url_template="# 輸入想要爬取頁面的真實網址
url=url_template
resp=requests.get(url, headers=headers)
raw_datas=resp.text
datas=json.loads(raw_datas)# 對獲取資料進行解碼
comments=datas['comments']
for comment in comments:
idhao=comment['id']
content=comment['content']
creationTime=comment.get('creation-Time')
writer.writerow((idhao, content, creation-Time))
print(content, creationTime)
except:
pass
csvf.close
```

圖 4-27　爬取某電商平臺產品評論數據程式碼

資料爬取完畢之後，對資料進行預處理，從圖 4-26 可以看到本次從該電商平臺上爬取的資料較為整潔，因此可以使

4.3 資料科學在電子商務中的應用

用 jieba 分詞庫和通用詞表對其進行資料預處理。程式碼（根據實際情況修改）及分詞結果如圖 4-28、圖 4-29 所示。

```
import pandas as pd
import re
importjieba
import csv
import os
ata=pd.read_csv('文件名.csv',encoding='utf-8')
with open('文件名.txt','a+',encoding='utf-8') as f:
    for line in data.values:
        f.write((str(line[1])+'\n')
input_path='文件名.txt'
output_path='文件名.txt'
stopwords_path='stoplist5.txt' #個人建立的停用詞典路徑
print('start readstopwords data.')
stopwords=[]
with open(stopwords_path,'r',encoding='utf-8')as f:
    for line in f:
        if len(line)>0:
```

```
stopwords.append(line.strip())
def tokenizer(s):
words=[]
cut=jieba.cut(s)
for word in cut:
if word not instopwords:
if len(word)>1:
words.append(word)
return words
with open(output_path,'w',encoding='utf-8')as o:
    with open(input_path,'r',encoding='utf-8')as f:
        for line in f:
            s=tokenizer(line.strip())
            o.write(" ".join(s)+"\n")
```

圖 4-28　資料預處理程式碼

舒適 程度

操作難易操作

外形外觀大氣

過年出門購物到貨機會出門戴上 **40mm** 剛

> 剛幾條帶子 gps 蜂窩沒什麼差別一是城市
> 支持支持機會不帶手機手錶出門 CP 值超
> 級還給優惠比官划算一個月 music 會員常
> 用沒什麼
> 續航能力
> 特色
> 樣子沒多大用價格太貴電子錶續航不行
> 東西價格實惠疫情期間速度很快
> 價格真的合適果粉沒用過蘋果手錶體驗過
> 後感覺真的阿瑪尼智慧手錶基本功能體驗
> 真的 iOS 功能品質媳婦天天續航不錯
> 手錶包裝高大質感搭配休閒場合佩戴老公
> 喜歡手錶合適價格出手藍牙耳機 CP 值男
> 生黑色好看物流很快轉天送到老公拿到好
> 開心哈哈哈
> 功能強悍送貨大螢幕真好
> 喜歡一支 42mm 三年不知這支好受
> ……

圖 4-29　資料預處理結果

　　資料預處理完成之後，可對文字資料進行分析，上文主要介紹了 LDA 主題建模和情感分析兩種文字分析的方法，在這裡僅演示 LDA 主題建模的方法。首先需要確定 K 值，

這裡使用基於密度的自適應最佳 LDA 模型選擇方法（曹娟等，2008），確定 K 值後，呼叫相應的庫即可。程式碼如圖 4-30 所示。

```
import pandas as pd
importnumpy as np
import re
importitertools
importmatplotlib.pyplot as plt
data=pd.read_csv("文件名.csv", encoding='utf-8')
fromgensim import corpora, models
pdict=corpora.Dictionary([[i] for i in data])# 建立詞典
corpus=[pdict.doc2bow(j)for j in [[i] for i in data]] # 建立語料庫
def cos(vector1, vector2): # 餘弦相似度函數
dot_product=0.0;
normA=0.0;
normB=0.0;
for a, b in zip(vector1, vector2):
dot_product+=a * b
```

```
normA+=a ** 2
normB+=b ** 2
if normA= =0. 0 ornormB= =0. 0:
return(None)
else:
return(dot_product / ((normA* normB) ** 0. 5))
# 主題數最佳化
deflda_k(x_corpus, x_dict):
mean_similarity=[]# 初始化平均餘弦相似度
mean_similarity. append(1)
# 循環生成主題並計算主題間相似度
for i in np. arange(2, 11):
lda=models. LdaModel(x_corpus, num_topics=i, id2word=x_dict)#LDA 模型訓練
for j in np. arange(i):
term=lda. show_topics(num_words=50)
# 提取各主題詞
top_word=[]
for k in np. arange(i):
top_word. append([''. join(re. findall('"(.*)"', i)) \
```

```
for i in term[k][1].split('+')])    # 列出所有詞
# 構造詞頻向量
word=sum(top_word, [])# 列出所有的詞
unique_word=set(word)# 去除重複的詞
# 構造主題詞清單, 列表示主題號, 行表示各主題詞
mat=[]
for j in np.arange(i):
top_w=top_word[j]
mat.append(tuple([top_w.count(k)for k in unique_word]))
p=list(itertools.permutations(list(np.arange(i)), 2))
l=len(p)
top_similarity=[0]
for w in np.arange(l):
vector1=mat[p[w][0]]
vector2=mat[p[w][1]]
top_similarity.append(cos(vector1, vector2))
# 計算平均餘弦相似度
mean_similarity.append(sum(top_similar-
```

```
ity) / l)
return(mean_similarity)
# 計算主題平均餘弦相似度
pos_k=lda_k(corpus, pdict)
# 繪製主題平均餘弦相似度圖形
frommatplotlib. font_manager import Font-
Properties
font=FontProperties(size=14)
# 解決中文顯示問題
plt. rcParams['font. sans-serif'] =['SimHei']
plt. rcParams['axes. unicode_minus']
=False
fig=plt. figure(figsize=(10, 8))
ax1=fig. add_subplot(211)
ax1. plot(pos_k)
ax1. set_xlabel('LDA 主題數最佳化 ', font-
properties=font)
```

圖 4-30　LDA 主題建模

　　執行完程式碼後，會出現一張隨著 k 值的變化，主題之間相似度跟著變化的圖，如圖 4-31 所示，從該圖中可知主題 k=6 時各主題之間相似度最低。

圖 4-31 主題之間相似度結果圖

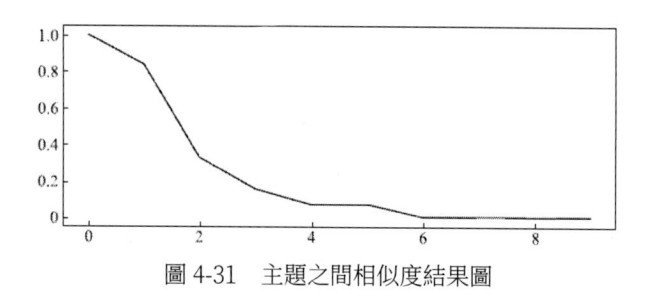

最後再呼叫 lda 主題的庫，即可得出結果。如圖 4-32 所示。

```
lda=models. LdaModel(corpus, num_topics=6, id2word=pdict)# num_topics 即為得出的 k 值
lda. print_topics(num_words=6)# num_words
```

圖 4-32　LDA 主題分析

4.4　資料科學與專利分析的結合

　　產業、行業、企業等不同層面的更新、轉型，都離不開專利資源的支持。作為一種包含了法律資訊、經濟資訊和技術資訊的複合型資訊資源，專利資訊在這個技術競爭越發激烈的時代，日益重要。特別是基於使用者價值的高階諮詢服

務需求,如專利挖掘、專利規避設計、專利價值評估、競爭對手專利分析等,以及專利商業化的新興業態,如專利質押、專利證券化等不斷湧現。

4.4.1 專利分析概念

專利資訊分析(簡稱專利分析),是指加工及組合來自專利文獻中大量或個別的專利資訊,同時利用統計方法或資料處理方式,使這些資訊具有縱覽全域性及預測的功能。事實證明,透過專利分析,可以使專利資訊由普通的資訊提升為企業經營活動中具有價值的情報(馬天旗,2015)。專利導航、專利分析評議、專利預警分析、行業專利趨勢分析、產業專利分析等,均是專利分析的具體概念。專利分析是保障企業技術競爭領先的有效措施和得力方法,現已成為企業技術創新的重要內容,是企業獲取競爭優勢的重要方式。

專利分析的發展,主要可劃分為概念建立階段、學術研究階段和工具開發階段。

專利引文分析的概念是 Seidel 於 1949 年提出的,他指出,專利引文即後續研發的專利,這是基於相似的科學論點對早期公布專利的引證;Seidel (1949) 還提出了技術被引次數可以反映技術重要程度的觀點。其他類型的專利分析方法,更加側重對專利資料進行深入探索,開展準確、客觀的研究。Yoon 和 Park (2004) 提出將文字挖掘等技術應用於專利的

第 4 章　資料科學的典型應用

相關分析中,推動技術機會辨識的研究。

進入 21 世紀後,隨著網路、巨量資料與雲端運算等前沿技術的出現和逐步發展,專利分析開始被真正應用於企業策略規劃與競爭分析中,各類分析方法不斷湧現、擴充、完善。世界上許多商業諮詢機構和智庫公司,都建立了各自獨特的專利分析指標體系,比如湯森路透(Thomson Reuters Corporation)、胡佛研究所(Hoover Institution)和蘭德公司(RAND Corporation)等。

如圖 4-33 所示,早期的專利分析技術,主要作為一種企業經營管理方法出現;1990 年後,隨著 CHI 學派方法研究的推進,專利分析開始成為一個科學研究領域,這段時間也成為專利分析理論、方法和技術飛速發展的時期;隨後伴隨著電腦技術的發展,專利分析開始由人工分析轉向以資料為主的自動化、智慧化分析,並在此基礎上,出現了新的專利分析工具,如 TI(Thomson Innovation)、Innography、WIPS 等。

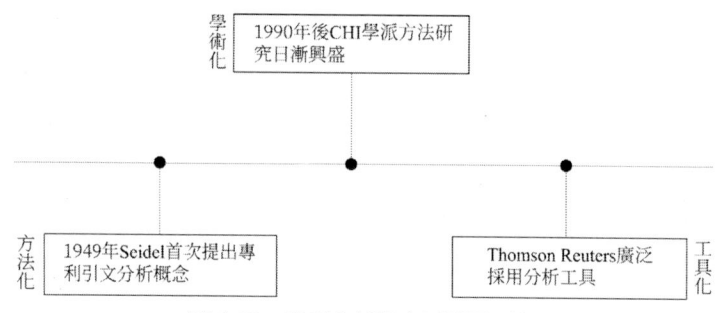

圖 4-33　專利分析的主要發展歷程

根據方法性質的不同，專利分析方法一般分為定量分析、定性分析及混合分析等。定量分析是指基於統計學、計量學和資料探勘等方法，對專利及其相關資料開展統計和資料探勘分析；定性分析主要指運用專家的專業知識，針對不同的目的，對專利資料進行解讀和分析；混合分析是將定量分析與定性分析相結合，先運用資料探勘等方法，對專利資料進行全面、系統的分析，將分析的結果與專家意見相結合，綜合得出最終的結論和意見。以上三種常見專利分析方法，見表 4-6。

表 4-6　不同性質的專利分析方法劃分

方法性質	分析方式和分析內容
定量	技術生命週期分析
	分類號、關鍵字等技術主題的聚類分析
	時間序列分析
	地域分布和技術構成分析
	技術實施情況統計分析
	……
定性	技術功效矩陣分析
	核心專利分析
	權利要求分析
	技術發展路線分析
	……

方法性質	分析方式和分析內容
混合分析	專利文字資料探勘
	專利價值評估分析
	專利引文分析
	……

此外,還有學者將專利分析方法分為一維分析、二維分析以及高維分析等,這是根據分析的深度不同而分類的(蔡爽,2008)。也有學者對專利分析方法加以劃分,包括面向技術預測的專利分析、面向專利威脅的專利分析、評估專利價值的專利分析等,這是根據分析目的的不同而進行的分類(方曙,2007)。

然而,以上的劃分體系是從方法本身的角度建構的,主要思想仍然借鑑其他學科的分類標準,並未針對專利的特點進行劃分。本書借鑑了對技術分析的劃分,並結合資料探勘的基本組成,將專利資料分析方法劃分為資料趨勢分析、資料構成分析、資料排序分析和資料關聯分析。

本書中的資料分析方法,主要是指以統計分析方法對獲取的專利資料進行分析,發現資料中包含的有用資訊的過程,其目的在於對紛雜的專利資料進行組織、整理和提煉,發現分析對象中隱藏的規律和當前的狀況。

通常專利分析中涉及的資料分析方法包含 4 個類型,如表 4-7 所示。

表 4-7　專利分析中涉及的資料分析方法

類型	資料分析方法
1	分析目標對象的數量隨時間變化的趨勢，包括專利申請量趨勢分析、技術生命週期分析等
2	分析不同對象在總和中的占比，即分析部分與整體的關係構成，包括技術構成分析、申請人類型分析等
3	對專利的某一要素進行排序分析，如申請人分析、發明人分析等
4	對專利不同要素之間的相互關係進行分析，包括技術功效矩陣分析、專利引證分析、資料聚類分析等

4.4.2　資料趨勢分析

趨勢分析主要是描述專利資料隨時間的變化態勢，在此基礎上，對技術的未來發展狀況進行預測。趨勢分析主要包括三點：

①以技術領域為對象的技術領域趨勢分析；

②以申請人（專利權人）為對象的人物趨勢分析；

③以申請地區為對象的地域趨勢分析。

本書以技術領域趨勢分析和人物趨勢分析為例，介紹趨勢分析方法。此外，本書還對技術生命週期分析方法進行了介紹。

(1) 技術領域趨勢分析

技術領域趨勢分析中的技術，指特定範圍的技術領域、產品、行業或產業。技術領域趨勢分析的對象，可以是目標領域的全球專利資料，也可以是利用其他分析面向，如申請人（專利權人）、申請地區等篩選後的專利資料。透過技術領域趨勢分析，可以得到以下資訊：

①技術領域的全球專利申請趨勢。

②技術領域在不同地區的專利申請態勢。

③技術領域首次申請國（優先權中的國別）的專利申請趨勢。

④不同技術分支的全球專利申請趨勢。

⑤技術領域不同申請人的專利申請趨勢。

(2) 申請人趨勢分析

本書以申請人為例，對人物趨勢分析進行介紹。以申請人為對象開展的人物趨勢分析，資料來源包括目標申請人全球專利資料，具有相同屬性的同一類申請人（如根據申請人性質劃分的大專院校、企業、個人和社會機關團隊等）的專利資料，還包括申請人與技術領域、地域、專利類型等面向進行組合篩選的專利資料。

透過對申請人開展趨勢分析，可以得到的資訊包括：

①目標申請人全球專利申請趨勢。

②多個申請人全球專利申請趨勢。

③申請人不同技術領域的全球專利申請趨勢。

④申請人不同地域的專利申請趨勢。

⑤申請人不同類型的專利申請趨勢。

⑥申請人的核心發明人的全球專利申請趨勢。

4.4.3　資料構成分析

資料構成分析是指在專利資料統計結果上，對專利數量、比例開展構成分析，從中提取能夠描述技術研發狀況和未來發展的專利情報資訊，進而為技術研發策略的制定提供參考。本書以技術構成分析、申請人（專利權人）構成分析和申請地域構成分析為例，對資料構成分析方法進行介紹。

(1) 技術構成分析

技術構成分析的對象可以是技術、人物或地域相關的專利資料，也可以是技術、人物、地域、專利類型、法律狀態等組合的專利資料，比如將申請人與申請地域進行組合，分析目標申請人在不同申請地域的專利資料。

透過對不同對象的專利技術構成進行分析，可以達到以下目的：

①了解專利申請的重點和空白部分，發現核心技術及主要專利；

②評估技術研發廣度，判斷技術和市場能力強弱；

③評估技術研發集中度，判斷目標的技術研發投入和市場競爭重點。

對專利資料的集合進行相關技術分類，是在技術構成分析的準備階段所需要做的工作，通常這是據專利著錄項中的分類資訊（如國際專利分類IPC）進行分類的；另外也可以根據實際需求進行定制化分類（如按照功能、基因、化學成分等進行分類）。

技術構成分析圖是技術構成分析結果的常見視覺化形式，圖中除了常見的專利申請量和比例之外，還可以包括一些加工後的指標，例如包括技術寬度和相對專利密度等。

(2) 申請人（專利權人）構成分析

申請人（專利權人）構成分析的對象，通常是技術、人物或地域的相關專利資料，也可以是技術、人物、地域等組合篩選後的專利資料，比如將技術領域與申請地域相組合，可以分析目標技術領域在不同地域的專利資料。

開展申請人（專利權人）構成分析，可以達到以下目的：

①明確創新者的身分構成,辨識創新的主體;

②評估競爭對手的特點和實力,了解某技術領域或地域範圍的市場競爭狀況。

申請人(專利權人)構成分析的前提是對申請人(專利權人)進行分類,分類的角度包括申請人(專利權人)所屬的地域、國別等,如臺灣申請人(專利權人)、美國申請人(專利權人);申請人(專利權人)的類型,如個人、研究機構、大學、企業等。

(3)申請地域構成分析

開展申請地域構成分析,主要可達到以下目的:

①分析國家或地區的技術優勢和技術特點,了解目標市場的專利布局情況;

②分析各個國家或地區的專利布局及專利輸入、輸出情況,辨識技術起源國,鎖定目標市場等;

③對不同國家或地區的技術實力進行對比。

專利申請地域構成分析以圖表的形式,直觀展示專利申請的地域構成及其變化情況,資料來源主要為專利文獻中的優先權地域(優先權號中的地域程式碼)、公開地域(公開號中的地域程式碼)、申請人地址等資訊。

4.4.4 資料排序分析

資料排序分析是在專利資料的統計分析結果上，為了描述目標對象，比如申請人、地區、技術領域或發明人在業內的地位和實力，進而說明當前競爭態勢的一種分析。常見的分析角度包括技術、申請人、發明人、專利代理機構、申請地域等。本書主要選擇技術、申請人、發明人排序，對資料排序分析方法加以介紹。

(1) 技術領域排序分析

技術領域排序分析的對象包括技術、人物或地域相關的專利資料，也包括技術、人物、地域、專利類型、法律狀態等組合篩選後的資料，如將申請人與技術領域組合後，可以發現目標對象在目標領域的技術布局情況。

透過技術領域排序分析，可以實現以下目的：

① 篩選專利申請的主要技術領域；

② 辨識與競爭對手的主要競爭領域；

③ 為後續分析篩選目標，篩選目標技術領域。

開展技術領域排序分析前，同樣需要對專利資料的技術類別進行劃分，主要包括 IPC 分類號、專利授權量、發明人數量等。

(2) 申請人排序分析

申請人排序分析的對象包括技術或地域相關的專利資料，也包括技術、人物、地域、專利類型等組合篩選後的專利資料，如將技術領域與申請人組合後，可以分析目標申請人在不同技術領域的技術優勢。

透過申請人排序分析，可以實現以下目的：

①透過比較，篩選出主要申請人；

②鎖定競爭對象，篩選出目標領域技術實力強大的競爭對手；

③篩選分析目標，開展後續的深入研究。

申請人排序分析的結果呈現，除專利申請量外，還可以是授權量、公開量、發明人數、引證次數等其他指標。

(3) 發明人排序分析

發明人排序分析對象可以是技術或人物相關的專利資料，也可以是技術、人物、地域、專利類型等組合篩選後的專利資料，如發明人與技術領域組合後，可以發現目標領域內的重要發明人。

發明人排序分析結果可以顯示以下資訊：

①發現重要發明人，辨識重要發明人的技術優勢；

②鎖定發明人的分析目標，為後續的深入分析提供幫助；

③鎖定競爭對象，篩選出主要競爭對手。

4.4.5　資料關聯分析

專利活動是創新活動的一個方面，如需全面了解科學研究、市場、經營行為，需要將技術研發、市場競爭、經營管理以及其他相關行業、經濟、政策等方面的資料，與專利資料進行綜合分析。

前文中介紹的方法，包括資料趨勢、構成及排序分析。主要展現了巨量資料的資料量大和處理速度快的特點；而資料關聯分析方法，則更深層次地將巨量資料品種複雜的特點引入。

資料關聯分析方法包括 3 個類型：

①將多個專利資料的分析角度進行組合，根據多個專利資料的關聯性，對專利技術進行分析。常見方法如多元專利圖表分析。

②採用多個資料指標進行專利組合分析，從國家、地區、企業、專利權人等多個視角，對技術研發情況進行分析、評估，常見方法如專利地圖、專利組合分析等。

③利用巨量資料思維，對專利資料與市場、法律等其他角度的資料進行綜合分析，常見的方法包括引文分析方法、聚類方法等。

(1) 專利圖表關聯分析

在進行專利分析時,將多個專利資料的分析角度進行組合,根據多個專利資料的邏輯層次進行整理。該方法的實現過程包括:

①根據專利分析的目的,確定專利資料來源,並將這些專利資料的邏輯層次進行整理;

②分析專利資料的關聯性,根據專利資料的關聯性,對專利技術進行分析與評估;

③利用複合圖表對分析結果進行展示。

圖 4-34 為某地中藥專利 IPC 分類號與發明人(專利數目在 80 項以上)矩陣。

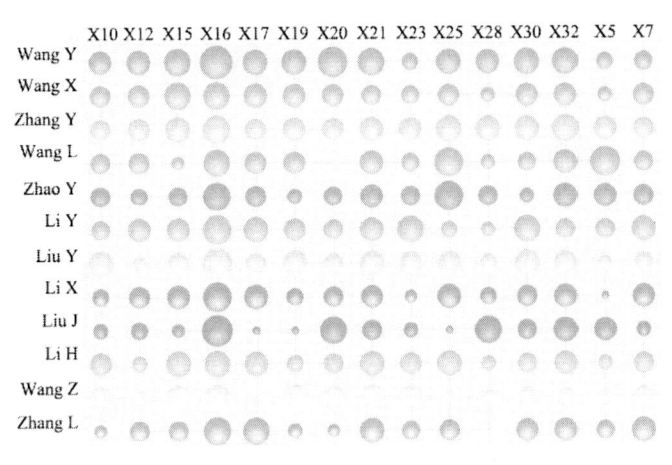

圖 4-34　IPC──發明人矩陣

據圖 4-34 可知,Wang Y,Wang X,Zhang Y3 人為關鍵發明人,關鍵發明人研究的技術焦點包括五類,如表 4-8 所示。

表 4-8　關鍵發明人研究的技術焦點

類別	關鍵發明人研究的技術焦點
1	其他類不包含的食品或食物及其處理(A23L1/29)
2	含有來自藻類、苔蘚、真菌或植物或其衍生物,例如傳統草藥的未確定結構的藥物製劑、人參屬(人參)(A61K36/258)
3	治療區域性缺血或動脈粥狀硬化疾病,例如抗心絞痛藥、冠狀血管舒張藥、治療心肌梗塞、視網膜病、腦血管功能不全、腎動脈硬化疾病的藥物(A61P009/10)
4	非中樞性止痛劑,退熱藥或抗炎劑,例如抗風溼藥;非類固醇抗炎藥(NSAIDs)(A61P029/00)
5	抗腫瘤藥(A61P035/00)

其他發明人屬於天才發明人,研究焦點主要包括四類,如表 4-9 所示。

表 4-9　其他發明人研究的技術焦點

類別	其他發明人研究的技術焦點
1	其他類不包含的食品或食物及其處理(A23L1/29)
2	含有來自藻類、苔蘚、真菌或植物或其衍生物,例如傳統草藥的未確定結構的藥物製劑(A61K36/258)
3	治療高血糖症的藥物,例如抗糖尿病藥(A61P009/10)
4	抗腫瘤藥(A61P035/00)

(2) 專利指標組合分析

本書以發明人矩陣為例，說明專利組合分析的思想。引文資訊說明了發明人相關的專利被引用的總數，可以反映發明人在技術領域的影響力。結合發明人──專利資料和發明人──引文資料，可以對發明人的技術研發實力進行綜合分析。其中，發明人擁有的專利數，可以反映發明人科技研發的數量；發明人相關專利的總被引用數，可以反映其科技研發的品質，將兩者結合，可分為 4 種，分別為關鍵發明人、天才發明人、多產發明人和平庸發明人。關鍵發明人專利申請品質和數量都較高，是行業核心的技術研發力量；天才發明人雖然技術研發活動少，但品質很高，是行業值得關注的技術研發人才；多產發明人只追求數量，不追求品質，研發專利數量很高，但被引用數量很低，是行業的一般技術研發人員；平庸發明人，專利數量低，且品質不高，是完全不值得關注的對象。

(3) 綜合數據關聯分析

巨量資料分析是指從大量各種類型的數據中，快速獲取有價值資訊的方法。隨著網路時代的到來，巨量資料分析越來越受到關注。全球專利文獻資料經過多年的累積，資料量已經超過 1 億條，同時大量包含技術研發活動其他方面的非專利資料，也越來越多地被引入分析中。目前的分析方法，

第 4 章　資料科學的典型應用

包括網路分析、引文分析、聚類分析等。

本書以技術 —— 功效矩陣這個專利組合分析常見方法為例，對綜合數據關聯分析的效果進行介紹。圖 4-35 為中藥飲片領域的技術 —— 功效矩陣結果。

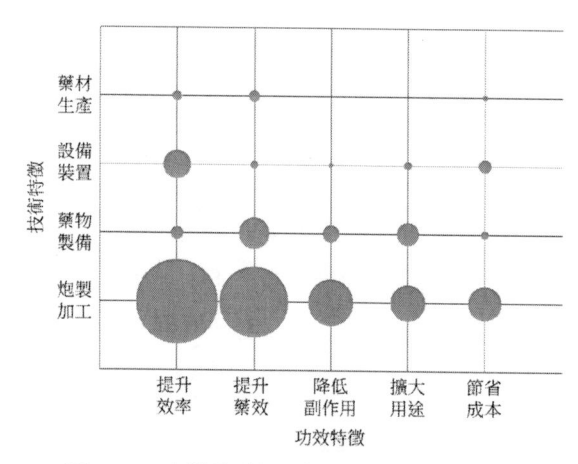

圖 4-35　中藥飲片領域的技術 —— 功效矩陣

技術 —— 功效矩陣能從技術類型和技術用途兩個角度對技術分支進行描述。從圖 4-35 可知，炮製加工為該領域的主要技術研發領域，專利申請量最高 (張浩，2018)。

能夠提升藥效、擴大藥物用途的藥物製備技術，以及能夠提升效率的設備裝置技術、生產效率，是該領域的技術突破點及重點，目前已經有一些研發投入，但仍有較大的成長空間。而能夠降低藥物副作用、擴大藥物用途，以及能夠降低生產成本的炮製加工技術，是其技術發展的焦點。藥材

生產方向，整體的技術研發投入和技術活動較少，針對不同的技術需求，都不具有太多的專利數量，是該領域的空白部分。說明目前該領域的投資前景不夠明確，應多關注該方向的基礎研究，找到限制該方向發展的問題。

4.5　本章總結

本章主要介紹了推薦系統的各類應用，分推薦演算法、智慧醫療、電子商務、專利分析四部分，分別介紹了相關的應用背景、技術方法及應用案例。

首先，介紹推薦演算法的發展與現狀，其經典的應用及協同過濾、基於內容的推薦、基於模型的推薦和混合推薦方法，進而介紹推薦演算法在產業中的應用案例。醫療巨量資料是巨量資料概念最早的來源之一（粟丹，2019）。隨後，本章對健康醫療巨量資料和智慧醫療的概念、發展現狀、挑戰和應用場景進行介紹。

其次，電子商務領域的資料科學技術方法，是發展較為迅速的研究領域，本章主要展示如何從網頁中爬取所需資料，且從文字資料中挖掘出有價值的資訊。為此簡單介紹了Python網路爬蟲的步驟、資料處理、資料分析、資料視覺化相關的內容，並且以某電商平臺為例，具體展示網路爬蟲、

第 4 章 資料科學的典型應用

資料處理、資料分析等相關的步驟。

最後，考量到全球專利資料是極具分析價值的資料資源，專利資料數量龐大、種類繁多且時常變化，非常適合運用巨量資料工具和技術進行處理。本章結合巨量資料的背景，對常見的專利分析方法進行介紹，並透過一些案例，對專利分析的目的和效果進行說明。限於篇幅，本章的論述不夠詳細、全面，但希望能為讀者快速了解巨量資料在多個場景中的應用提供幫助。

參考文獻

[01] 蔡佳慧，張濤，宗文紅. 醫療大數據面臨的挑戰及思考 [J]. 中國衛生資訊管理雜誌，2013（4）：292-295.

[02] 蔡爽，黃魯成. 專利分析方法敘述及層次分析 [J]. 科學學研究，2008（S2）：421-427.

[03] 曹娟等. 一種基於密度的自適應最佳 LDA 模型選擇方法 [J]. 電腦學報，2008（10）：1780-1787.

[04] 陳虹樞. 基於主題模型的專利文本挖掘方法及應用研究 [D]. 北京：北京理工大學，2015.

[05] 陳銳，馬天旗. 論中國專利資訊服務能力的科學發展 [J]. 中國發明與專利，2016（6）：68-72.

[06] 方曙，張嫻，肖國華. 專利情報分析方法及應用研究 [J]. 圖書情報知識，2007（4）：64-69.

[07] 郭婕婷，肖國華. 專利分析方法研究 [J]. 情報雜誌，2008（1）：12-14.

[08] 劉保延. 真實世界的中醫臨床科學研究正規化 [J]. 中醫雜誌，2013（6）：451-455.

[09] 劉林等. 基於隨機主元分析演算法的 BBS 情感分類研究 [J]. 電腦工程，2014（5）：188-191.

[10] 馬天旗. 專利分析：方法、圖表解讀與情報挖掘 [M]. 北京：智慧財產權出版社，2015.

[11] 彭茂祥，李浩. 基於大數據視角的專利分析方法與模式研究 [J]. 情報理論與實踐，2016，039（007）：108-113.

[12] 粟丹. 論健康醫療大數據中的隱私資訊立法保護 [J]. 首都師範大學學報（社會科學版），2019（6）：63-73.

[13] 胥婷，于廣軍. 健康醫療大數據共享的應用場景及價值探析 [J]. 中國數位醫學，2020（7）：1-3.

[14] 楊坤. 中國研究型醫院的建設策略研究 [D]. 北京：中國人民解放軍軍事醫學科學院，2016.

[15] 楊宗曄. 人工智慧助力智慧醫療發展 [J]. 智慧建築，2018（11）：22-23.

[16] 姚琴.面向醫療大數據處理的醫療雲端關鍵技術研究[D].杭州:浙江大學,2015.

[17] 袁維勤.政府購買養老服務問題研究[D].重慶:西南政法大學,2012.

[18] 張浩,張雲秋.三維技術功效分析模型建構與實證研究[J].情報理論與實踐,2018,41(5):74.

[19] 趙妍妍,秦兵,劉挺.文本傾向性分析[J].軟體學報,2010,21(8):1834-1848.

[20] 周立柱,賀宇凱,王建勇.情感分析研究綜述[J].電腦應用,2008,28(11):2725-2728.

[21] ANDERSON, C. The Long Tail —— How endless choice is creating unlimited demand[J]. Market Leader,2006(34):60-61.

[22] BATES, D. W. , et al. Big data in health care:using analytics to identify and manage high-risk and high-cost patients[J]. Health Aff,2014,33(7):1123-1131.

[23] BLEI, D. M. , et al. Latent Dirichlet Allocation[J]. Journal of Machine Learing Research,2003,3(4-5):993-1022.

[24] BURKE, R. Hybrid recommender systems: survey and experiments[J]. User Modeling and User-Adapted Inter-

action,2002,12(4):331-370.

[25] ERNST, H. Patent portfolios for strategic R&D planning[J]. Journal of Engineering and Technology Management,1998,15(4):279-308.

[26] GENG, S., et al. Knowledge recommendation for workplace learning:a system design and evaluation perspective[J]. Internet Research, ahead-of-print (ahead-of-print),2019.

[27] KIM, Y. Convolutional neural networks for sentence classification[J]. In Proceedings of the Conference on Empirical Methods in Natural Language Processing,2014(1-2):1746-1751.

[28] LINDEN, G., SMITH, B., YORK, J. Amazon. com recommendations:item-to-item collaborative filtering [J]. Internet Computing IEEE,2003 (7):76-80.

[29] NG, A. Y., JORDAN, M. I. On discriminative vs. generative classifiers:a comparison of logistic regression and naive bayes[J]. Advances in Neural Information Processing Systems,2002,2.

[30] Resnick P., Iacovou N., Sushak M., Bergstrom P., and Riedl J.. Grouplens:An open architecture for collabora-

tive ltering of netnews[J]. In Proceedings of CSCW 1994. ACM SIG Computer Supported Cooperative Work，1994.

[31] RICHARD, S. , et al. Recursive deep models for semantic compositionality over a sentiment treebank[J]. In Proceedings of the Conference on Empirical Methods in Natural Language Processing，2013：1631-1642.

[32] SALTON, G. , WONG, et al. A vector-space model for information retrieval[J]. Communications of the ACM，1975，18(11)：13-620.

[33] SEIDEL A H. Citation system for patent office[J]. Journal of the Patent Office Society，1949，31(5)：554.

[34] YOON B, PARK Y. A text-mining-based patent network：Analytical tool for high-technology trend [J]. The Journal of High Technology Management Research，2004，15(1)：37-50.

[35] ZHOU S, CHEN Q, WANG X. Active deep learning method for semi-supervised sentiment classification[J]. Neurocomputing，2013，120(23)：536-546.

第 5 章
資料驅動的創新與創業

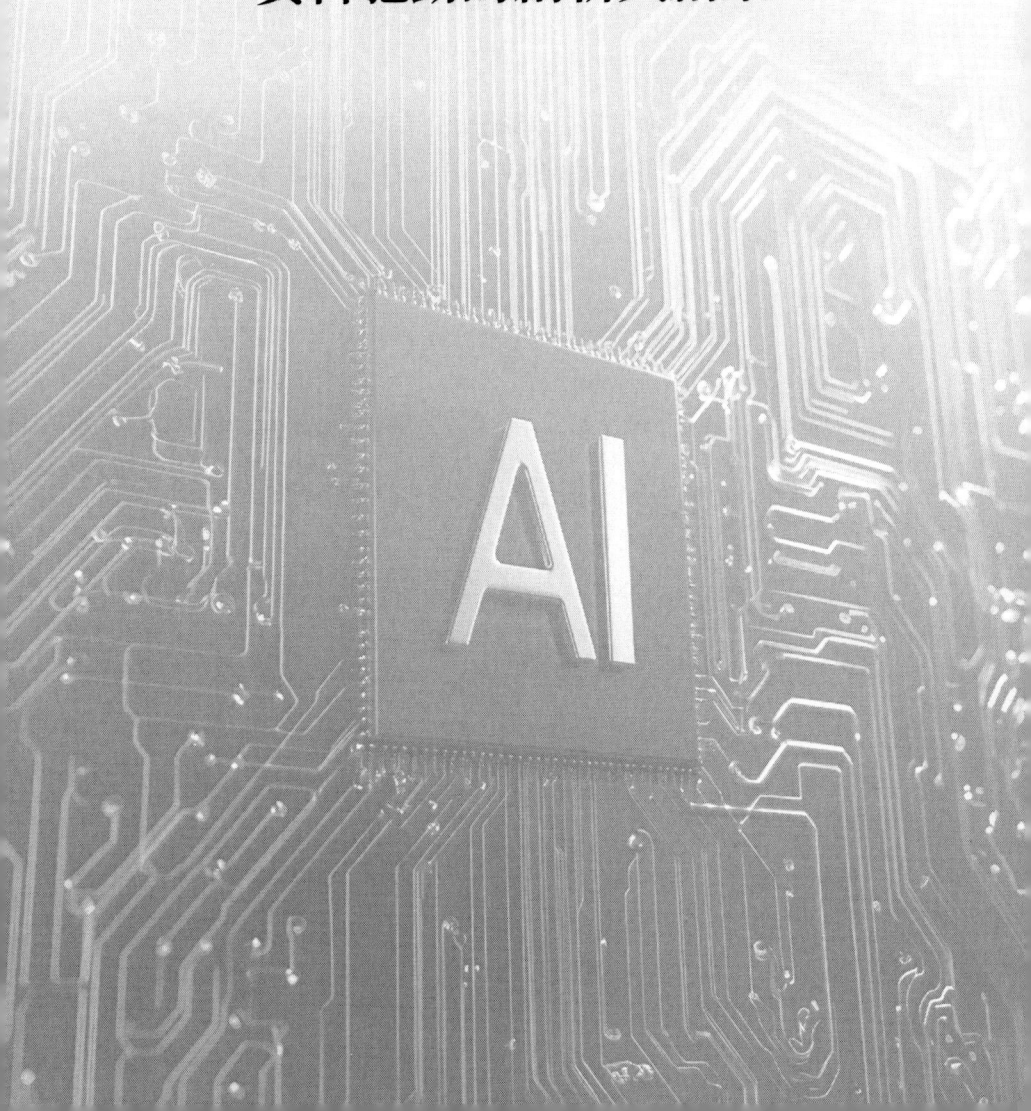

第 5 章　資料驅動的創新與創業

5.1　挖掘資料背後的商業價值

一個創業想法的萌生,源於創業者發現了市場上消費者的某個需求沒有得到滿足。在傳統時代,創業者想發掘消費者未被滿足的需求,通常是透過觀察消費者的行為,或根據日常生活經驗,發掘出自身一些未被滿足的需求,再從市場的角度考量該需求。然而,透過這些方式產生的創業專案,存在許多局限性。巨量資料的來臨,可以幫助我們發掘一些創業專案,彌補傳統方式的局限性。因為巨量資料可以將市場上各行各業的參與者產生的行為資料融合在一起,這些龐大的資料,為我們提供很多資訊,需要我們透過巨量資料技術,將資料背後的商業價值挖掘出來。因此,本節對資料背後蘊含的商業價值以及在資料探勘過程中遇到的問題及應對措施進行介紹。

5.1.1　資料的商業價值

學界與產業界普遍認同巨量資料蘊含了大量的商業價值,那麼巨量資料背後的商業價值主要有哪些呢?首先,巨量資料的商業價值展現為對客戶的個性化精準推薦。現今,根據客戶的喜好,推薦各類業務或應用,已十分常見,比如應用軟體推薦、影片節目推薦等,都是透過關聯演算法、文字摘要抽取、情感分析等智慧分析演算法實現的。利用資料

探勘技術，幫助企業對客戶進行精準行銷，也有利於留住客戶，提高自身競爭力。例如客戶想要購買一件風衣，如果客戶在做出最終購買決定之前，喜歡瀏覽這件衣服的引數（長度、材質等）、賣家的實物展示圖、買家的評論等，那麼商家就可以根據客戶的喜好，為他推薦類似風格的衣服。同時，從該客戶的搜尋行為和瀏覽行為也可以看出，客戶更加青睞商品資訊完整以及有評論的產品，因此，商家也可以在這方面針對客戶的偏好進行改進。

巨量資料的商業價值展現為可以對客戶群體進行細分。由於客戶在年齡、性別和偏好等方面存在差異，客戶需求具有異質性。因此，透過對客戶的行為資料進行分析，可以幫助企業對客戶進行細分，並提供相應的產品、服務及銷售模式。這對資源有限的企業非常重要，能夠幫企業進行有效的市場競爭，辨別出哪些是企業最有價值的客戶，哪些是企業的忠誠客戶，哪些是企業的潛在客戶……等等。例如，航空公司可以根據客戶長期的訂單，分析出客戶是如何做出購買決策的。航空公司可以透過客戶經常購買的機票艙位（價位）、預訂機票的時間、旅遊時間以及目的地等資訊，將客戶進行細分，進一步了解不同客戶群體的需求。如果客戶注重便捷，那他不會考慮過早或過晚的起飛時間，也不會考慮中轉時間太長的航程，對這類客戶，價格不是他們考量的首要因素；有些客戶則是價格導向型，如假期旅遊的大學生，價

第 5 章 資料驅動的創新與創業

格是他們考慮的重要因素。因此，如果航空公司能將這類資訊挖掘出來，就可以對客戶進行精準定位，並向他們推送對應的訊息，從而有效地滿足他們的需求。

巨量資料的商業價值也展現為更能管理客戶關係。一般來說，客戶在購買完成後，最直接的回饋行為表現，就是在電商平臺上發表產品評論。商家可以透過巨量資料技術，獲取客戶回饋中的情緒或主題，以及相關的意見和建議，進一步了解客戶的真實需求，以更能管理客戶關係。例如電商平臺上的一些商品評論資料，包括評論文字，是否附帶圖片，評論釋出時間等資訊，可以透過巨量資料技術獲取，再透過進一步分析，就能從中得知客戶的真實訴求。

巨量資料的商業價值還展現為資料儲存空間的出租。巨量資料時代，企業和個人都有巨量的資訊儲存需求，妥善儲存資料是進一步挖掘其潛在價值的前提。目前，這塊業務可以分為兩類：第一類是個人檔案的儲存，第二類是針對企業使用者的資料儲存。目前已有多家公司推出相應的服務，使用者可以將各種資料對象儲存在雲端，按照用量進行收費。

上述所提到的巨量資料商業價值中，涉及個性推薦、客戶細分等方面的應用。除此之外，巨量資料還可用於對使用者行為的預測。例如近年來，網路的發展逐漸滲入經濟金融行業，加之國家對中小企業融資的支持，促進了民間小額借貸的發展，普惠金融發展迅速。然而，隨著網貸平臺數量的

爆發式成長，借款未按時足額還清的現象時常發生，大大違背國家鼓勵普惠金融發展的初衷，也損害了貸款人的利益。究其根本原因，是金融機構或網貸平臺缺乏對借款的信用評估。如今，藉助巨量資料，透過分析借款的次數、守信次數、學歷資料、名下資產狀況等，可以預測借款的還款能力，從而為金融機構或網貸平臺提供評判標準，可以有效降低借款風險，推動普惠金融的健康發展。

5.1.2 資料價值挖掘困難點及應對

如上所述，資料背後商業價值的挖掘非常重要，但在開展資料探勘的過程中，還存在許多困難點。第一個困難是資料形式多樣，資料處理流程複雜。資料可以分為結構化資料、半結構化資料和非結構化資料三類（馬建光等，2013），其中，最難處理的是非結構化資料，因為這類資料缺乏統一的結構限制，表達同樣的含義，可以使用不同的敘述、表達方式。例如可以透過文字、影像、聲音、超媒體等方式來表達。此外，處理高維度資料也是資料探勘的困難點。第二個困難是成本高昂，尤其針對中小企業。在資料量非常大的情況下，對中小企業的資金、設備、人才都提出了新的考驗，中小企業一般承受不了資料探勘的巨大成本。

在第五屆 IEEE 資料探勘國際會議（ICDM2005）前夕，一些資料探勘方向的頂尖專家，各自羅列出自己認為的、該研

第 5 章　資料驅動的創新與創業

究領域中存在的十大挑戰性問題，最後進行討論、總結後，得出以下十大挑戰性問題(吳信東等，2008)。第一，資料探勘還沒有形成統一的理論，因資料探勘一開始是企業為了應對和解決問題而產生的，沒有形成統一的理論；第二，高維度資料和高速資料流同比例擴大，對資料探勘技術的要求進一步提高；第三，在挖掘時序資料時需要消除雜訊，在進行趨勢預測時，才能準確而有效率；第四，將複雜的知識從複雜的資料中挖掘出來，例如圖片、網頁、社群網路資料等，將資料探勘與知識推理相結合；第五，挖掘社群網路、電腦網路中的資料庫；第六，分散式與多主體的資料探勘；第七，關於生物和環境問題的資料探勘，例如 3D 結構資料中的 DNA 等化學結構；第八，資料探勘過程中存在的操作組合、探勘過程自動化實現、視覺化等問題的解決；第九，資料探勘中的安全和隱私保護問題，以及資料完整性；第十，如何處理非靜態的、不平衡的，以及敏感的資料。

目前，資料探勘領域已發展出一套成熟的技術方法，在此過程中，相關學者也在不斷改進相關的技術，上述提到的十大挑戰性問題，也在被逐步解決。對網路企業而言，具有扎實資料探勘基礎的員工，將成為長期需求，大學應更加注重培養資料探勘領域的人才，不斷改進教學課程、培養方式等，以培養出符合企業需求的資料探勘人才。

5.2　資料驅動下的創新與創業模式

5.2.1　資料驅動下的創新創業的內涵與特徵

(1) 創新創業的概念

創新與創業的具體內涵是什麼？這兩者之間又有什麼關係呢？

從廣義上說，創新存在於人類生活的各方面，具體指的是在各種實踐活動中，運用自身的知識儲備，轉換思維，提出異於常人的、具有各種價值（社會價值、經濟價值等）的想法。想實現創新，必須具備一定的能力，包括敏銳的洞察能力、強大的實踐能力，以及預知未來的能力等。創新是繼往開來，既要批判地對待舊事物，又要批判地把過去和未來一起鎔鑄到現在。創新無處不在、無時不有。創新不僅局限於發明電燈這種重大的發明創造，還可以是菜刀上加孔減少壓力這種小小的發明創造。只要能夠解決問題，不管大小，無論什麼形式，都屬於創新。因此，在這個大眾創業、萬眾創新的時代，只要掌握一定的專業知識，積極進取，勇於實踐，充分發揮主觀能動性，普通人也能成為創新的主角。在巨量資料背景下，創新需要我們運用巨量資料的相關技術挖掘知識，進而發現相關的規律，最後達到預測未來的效果。

第 5 章 資料驅動的創新與創業

從狹義上說，創新是一個過程，包括新思想的產生、產品的設計、產品的試製、產品的生產、產品的銷售以及產品的市場化等。「創新理論」是由熊彼得 (Joseph Schumpeter) 於 1912 年首次提出的，他認為，創新是指創新者將現有的資源進行不同形式的組合，從而創造新價值的一個過程（熊彼得等，2012）。熊彼得將創新分為五種形式：新產品開發、新技術引進、新市場開闢、發現原材料來源管道，以及實現新的組織管理模式（代明等，2012）。隨後，杜拉克 (Peter Ferdinand Drucker) 將創新引入管理，強調創新在組織管理中的重要性。

創新過程可以認為是透過發現顧客的潛在需求，為顧客提供新產品或服務，從而解決顧客的問題，為顧客創造新的價值的一個過程（羅洪雲，張慶普，2015）。創新包括技術上的突破，並將其運用於商業。

創業就是將創新的思維運用在某一產業或某一領域中，開創新的局面。創新是推動創業活動的主要動力。從廣義上說，創業指的是人類實踐活動中帶有開拓性的、創新的、對社會有積極意義的活動，包括政治、經濟、文化、科學、軍事、教育等領域；從狹義上說，創業也叫自主創業，是指成立企業，利用資本、人力等來創造價值，最終透過產品或服務的形式呈現（葛寶山等，2011）。消費者可以從產品和服務中獲得效用，而企業透過出售產品和服務獲得利潤，從而實現自身的發展。本章所說的創業，指的是狹義上的創業。

創業是一個不斷調整的動態過程,其中,商業機會、現有資源和創業團隊,是創業成功的關鍵 (Timmons et al., 1990)。創業過程的動態模型,如圖 5-1 所示。其中,開發商業機會是主動、持續的過程,機會是創造出來的,而不是找到的,這對企業的形成至關重要 (Ardichvili et al., 2003)。企業現有的資源,對創業活動產生支撐作用,創業者要充分利用手邊的資源實現有效的拼湊,並將其應用於新的問題和機遇 (Baker et al., 2005)。對初創企業來說,創業團隊是其必要組成部分。在創業過程的動態模型中,商業機會、現有資源和創業團隊,構成一個倒三角形。創業初期,商業機會較多,而企業能夠獲得的資源較少,三角形會向左傾斜;隨著企業的逐漸發展,企業的現有資源較多,而商業機會較少,三角形會向右傾斜。因此,創業團隊要做的,就是敏銳地發現商機,並將現有資源進行合理運用,實現企業發展的均衡狀態 (林嵩等,2004)。

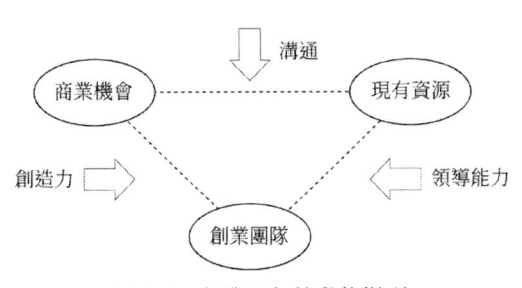

圖 5-1 創業過程的動態模型

資料來源:林嵩等,2004。

第 5 章　資料驅動的創新與創業

(2)巨量資料時代的創新創業特徵

從古至今,人類社會的每一次社會大分工,都存在重大的技術突破。例如第一次工業革命之後,大量的機器開始出現在企業的生產工廠,從而解放了人類的雙手,實現了大規模生產。同樣地,在如今這個數位經濟時代,巨量資料、雲端運算等高新技術不斷普及,使人們的生活變得更加便利。

巨量資料時代的創新創業,最明顯的特徵是微創新。微創新最早源於賈伯斯提出的「微小的創新可以改變世界」。

微創新包含兩個方面的含義:一是從細節出發,緊隨使用者需求;二是不斷微調,進行試錯。巨量資料的應用,靠巨量資料分析技術和產品的研發,滿足微創新的條件(徐德力,2013)。在這個資訊時代,巨量資料的來源管道有很多,資料也十分豐富。而且,相比其他資源,巨量資料資源更易於獲取,也可以無限次使用。巨量資料時代創新的關鍵在於能夠發現機會,並利用獲取的資料資源進行微創新。

微創新是一種典型的、在應用方面的創新,是一種以客戶為導向,深度挖掘客戶消費體驗的模式(李文博,2015)。在現實生活中,企業透過敏銳的洞察力,發現自身發展所需要的資源,並透過微創新,利用資源實現經濟成長,進而提高企業的核心競爭力。微創新主要圍繞使用者,強調網路思維(胡海波等,2018)。

5.2.2 資料驅動下的創新創業現狀

資料在生產發展中扮演著越來越重要的角色，雲端運算的公共計算基礎作用，使資料的開發、流動及共享成為可能，而資料的融合，又會激發新的生產力。相比以往的時代，巨量資料時代的創新創業，存在更多的發展機會。但是，巨量資料時代的創新創業仍然面臨一系列挑戰。主要有以下幾點：

①行業間的資料流動性不足，資料的蒐集存在壁壘，企業能夠獲取的資料與自身需要的資料未必是匹配的。

②資料累積使資料量越來越大，這使企業受到網路攻擊的機率大大增加，資料安全成為隱患。資料的安全問題，會增加企業的資訊管理成本。

③與巨量資料相關的人才非常緊缺。巨量資料產業競爭的核心，是巨量資料人才的競爭。

④獲得投資的難度較大。巨量資料在商業應用中的成功案例並不多。因此，對投資者來說，由於存在大量的不確定性，投資的風險很大，所以大多數投資者對巨量資料項目還處於一種觀望的態度，從而導致巨量資料創新創業專案獲得投資的難度較大。

5.2.3　資料驅動下的創新創業機會

未來產品和服務的競爭趨勢,將會是專業化和差異化的競爭,而巨量資料時代的微創新,能夠適應這種競爭趨勢。在巨量資料時代,尋找創業機會的過程中,最關鍵的是資料的蒐集與分析。透過對資料的分析,尋找潛在機會與未來的發展方向。巨量資料具有種類繁多、數量巨大、獲取速度迅速等特點,傳統的資料分析軟體,已不能滿足巨量資料的需求(李冰,2020)。巨量資料時代的創業,主要利用雲端運算、物聯網等平臺,對資料進行分析處理,透過雲端運算,更快地分析出結果。

巨量資料時代的到來,改變了傳統的創業模式。創業者們可以透過資料的分布規律,發現新的創業視角。巨量資料時代也帶來了很多創業機會,具體如下。

(1) 提供巨量資料服務

傳統的行業在其發展過程中存在很多困難處,比如創新力問題、經營類問題以及管理類問題等。透過巨量資料的相關技術,輔助傳統企業解決這些問題,將會是巨量資料時代一個非常重要的創業機會。

(2) 以巨量資料為依據的行業服務

利用巨量資料的相關技術,從事傳統行業的各種服務,

將會是巨量資料時代的另一個創業機會，比如商業諮詢服務、發展規劃服務等。從事這類服務，要了解一定的行業背景，能夠站在行業發展的角度，應用巨量資料技術。

(3) 做巨量資料相關產業的配套服務

巨量資料與雲端運算、物聯網和人工智慧等技術是相輔相成的。對一些傳統行業來說，物聯網建設往往是巨量資料應用生態的前提條件，因此，做巨量資料配套服務，也是一個很有前景的創業機會。

5.2.4　案例分析：資料驅動下的智慧養豬

在數位經濟時代，從衣食住行，到科學研究與企業活動，巨量資料無處不在。但是，在農業領域的某些產業中，巨量資料的應用不太常見。實際上，這些領域更需要引進這類技術。比如養豬業，目前普遍存在效率低、環節多等一系列問題，導致養豬的成本偏高。巨量資料正是高效率、低成本的代名詞，那麼，將前沿的巨量資料技術應用於「落後」的養豬業，會擦出怎樣燦爛的火花呢？我們將巨量資料相關技術應用於養豬管理的這個過程，稱為智慧養豬。智慧養豬就是將一些新興的技術運用在養豬的各種場景中，以實現科學養豬、高效能養豬（王金環等，2018），主要應用場景及技術實現，如圖 5-2 所示。

第 5 章　資料驅動的創新與創業

巨量資料走進養殖戶的世界裡，可以幫助養殖戶降低生產成本、採購成本、融資成本等，提高整個養豬行業的生產效率，使養殖戶在巨量資料的技術中不斷受益。

(1) 降低養殖戶的生產成本

巨量資料相關技術的應用，可以從三個方面降低養殖戶的成本：一是提高豬場的生產效率；二是提高豬的疾病防治效率；三是提高對未來豬的價格預測能力。

提高豬場生產效率的前提，是要了解目前豬場管理中存在的問題。透過蒐集豬場管理產生的資料，使用合適的方法，對資料進行對比與分析，可以客觀地發現問題所在，進而對養豬管理過程提供指導。具體來說，運用物聯網、人工智慧等技術，對豬場管理資料進行蒐集、處理與分析，找出豬場存在的問題。同時，根據全國豬場的樣本，將豬場體檢報告與行業資料進行對比分析，讓養殖戶了解自己的豬場和養殖水準高的豬場的差距，以及需要改進的地方。進而根據養殖戶的需求，給出相應的解決方案，以提高豬場生產效率，進而降低成本。此外，可以利用專業的資料庫、音訊、影片等形式，推廣豬場經營管理、養殖技術等專業養殖知識，為養殖戶提供便捷的學習平臺，幫助養殖戶提高豬場經營管理水準和養殖技能（馮麗麗等，2020）。

5.2 資料驅動下的創新與創業模式

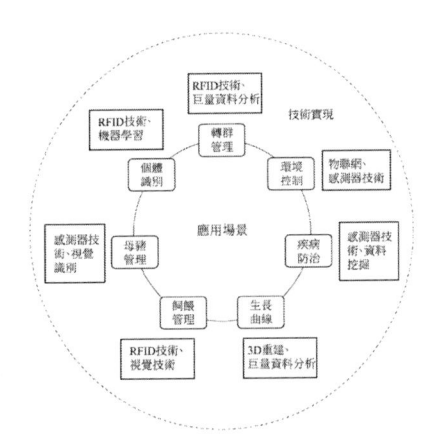

圖 5-2 智慧養豬的主要應用場景與技術實現（王金環等，2018）

在養殖環節中，疾病的防治對養殖場至關重要。養殖平臺為養殖戶提供遠端豬病防治服務，如豬病預警、豬病遠端自動診斷、檢測平臺等。豬病預警系統在綜合分析平臺上，所有豬場養殖過程中的飼餵、用藥、環境變化等生產數據的基礎上，結合疫病流行病學特徵，向養殖戶提出針對性的防控措施。養殖平臺透過整合分析豬病巨量資料，利用建模技術，建立豬病臨床症狀和病理變化圖譜庫，以便養殖戶診斷。檢測平臺整合了權威的畜禽疫病檢測實驗室資源，豬場一旦爆發疾病，就能夠及時進行檢測，最大限度減少疾病帶來的損失。

採用巨量資料技術，一鍵辨識豬病，提高豬病的防治效率。豬場疾病的傳播，總是讓豬場始料不及，原本以為豬隻是小小的發燒感冒，最後有可能全群感染，而這些都是由豬

第 5 章　資料驅動的創新與創業

病診治不當造成的，讓豬場蒙受巨大經濟損失。豬病管理系統透過巨量豬病巨量資料的蒐集與分析，建立了豬病自動辨識功能，養殖戶僅需上傳一張發病豬隻的照片，系統會與數據中的豬病進行對比分析，自動進行豬病辨識，為養殖戶提供合理的治療方案，使豬場疾病防治更加方便、快捷。養殖戶快速了解豬隻罹患哪些豬病，快速運用系統給出的解決方案，針對該病展開治療，做好生物安全措施，以防止向其他豬舍傳播，造成重大經濟損失，增加養豬成本。

透過巨量資料提前預測豬價，養殖戶可以及時調整豬隻數量結構。透過蒐集豬場交易巨量資料，建立相應的演算法模型，可以實現對後期豬價的預測，形成豬隻物價指數，為養殖戶後期豬隻數量結構的調整做參考。豬價上漲，養殖戶可以及時增加飼養的豬隻數量，提高收益；豬價下跌，養殖戶可以降低數量，減少虧損。

(2)降低養殖戶的採購成本

透過對生產巨量資料、消費巨量資料的蒐集，可以幫助養殖戶降低生產數據的採購成本。透過匯總、分析不同豬場的生產數據，使系統能夠充分了解不同豬場的不同需求，針對不同類型的豬場，根據飼料成本、管理水準、消費習慣等，個性化推薦合適的產品，對需求量大的產品，養豬合作社會用類似團購的採購方式，增加養殖戶的議價能力，降低

養殖戶的生產成本。

交易環節對整個豬隻產業具有重要意義。養殖戶可以在商城採購所需的物資,避免過度購買,造成浪費,有效降低成本。商城上供應飼料、藥、疫苗及養殖設備等豬場所需產品,利於平臺蒐集巨量資料,選擇的產品不僅品質有保障,而且價格相對低廉。在交易豬隻環節,養殖戶可以根據市場釋出的行業數據,合理安排養殖數量,並制定計畫,最大限度減小因資訊不公開導致的養殖計畫不合理,從而避免養殖戶的經濟損失。透過網路平臺,整合豬隻交易的資料,並公開貨源和價格等資訊,有助於降低交易成本、提高交易效率。

(3) 降低養殖戶的融資成本

巨量資料可以為養殖戶的金融服務提供平臺,降低豬場的融資成本,使生產水準高的豬場能得到更好的金融服務。按照資料分析結果,將豬場細分為若干類型,換算成信譽度。有信譽度就能直接貸款,且利率低、申請簡單、智慧信貸、場景化支付,減少了豬場由於徵信缺失造成的貸款困難問題,降低了豬場的融資成本。

巨量資料不僅能幫助單一豬場提高生產效率,降低生產成本,還能夠改變整個豬隻產業,使豬隻產業從多環節、低效率、高成本的現狀中脫離出來,走向少環節、高效率、低成本。隨著共享經濟的到來,養殖戶們進行資料資源共享,

巨量資料透過對這些數據的匯總分析，反過來指導養豬生產，為整個行業進步提供助力。

5.3　資料技術創新與管理應用

5.3.1　資料驅動下的技術創新的內涵與類型

技術創新，顧名思義，指在技術上的創新。開發一項新的技術或在已有技術上的改進，都屬於技術創新。透過技術創新，企業可以形成自身的競爭優勢。

技術創新不同於產品創新，它們既有差別，又有關聯，如圖 5-3 所示。

企業的一切生產經營活動都離不開管理，技術創新管理是對企業技術創新的管理過程（雷家等，2013）。研究企業的技術創新管理，最重要的是盤點企業的有限資源，研究如何將這些資源進行有效整合，在加入技術創新內容的同時，實現企業的效益最大化。技術創新最終以市場的成功實現為特徵，創造出新產品並商業化，是技術創新的最高層次。技術創新的分類有很多，具有代表性的是基於技術創新對象、技術創新源和技術創新的新穎程度來劃分（雷家等，2013），具體如圖 5-4 所示。

產品創新	技術創新
・產品創新側重於商業和設計行為，具有成果的特徵，因而具有更外在的表現 ・產品創新可能包含技術創新的成分，還可能包含商業創新和設計創新的成分 ・新的產品構想，往往需要新的技術才能實現	・技術創新可能並不會帶來產品的改變，而僅僅帶來成本的降低、效率的提高，例如改善生產工藝、最佳化作業過程，從而減少資源消費、能源消耗、人工耗費或者提高作業速度 ・技術創新具有過程的特徵，往往表現得更加內在 ・新技術的誕生，往往可以帶來全新的產品，技術研發往往對應於產品或者著眼於產品創新

圖 5-3　技術創新與產品創新的差別與關聯

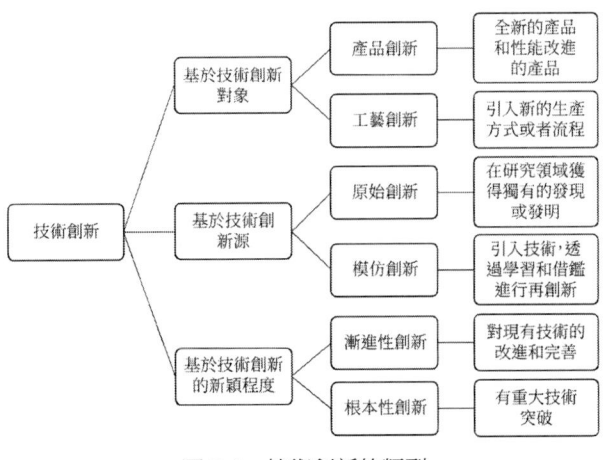

```
                              ┌─ 產品創新 ── 全新的產品和性能改進的產品
                基於技術創新對象 ┤
                              └─ 工藝創新 ── 引入新的生產方式或者流程

                              ┌─ 原始創新 ── 在研究領域獲得獨有的發現或發明
技術創新 ── 基於技術創新源 ────┤
                              └─ 模仿創新 ── 引入技術，透過學習和借鑑進行再創新

                              ┌─ 漸進性創新 ── 對現有技術的改進和完善
                基於技術創新的新穎程度 ┤
                              └─ 根本性創新 ── 有重大技術突破
```

圖 5-4　技術創新的類型

5.3.2　資料驅動下的企業商業模式的技術創新

(1) 顛覆傳統意義上的金融業務模式創新

大型電商平臺通常擁有多個交易平臺，包括支付平臺、購物平臺和金融業務平臺等，累積了大量的使用者資料。基

於使用者行為和使用者信用資料,此類電商平臺搭建的金融業務平臺,可以利用資料模型和使用者信用體系,評估中小企業及初創企業信用級別,這使初創企業可以在沒有抵押物或擔保的情況下,獲得一定數量的信用貸款。這個模式打破了傳統的借貸模式,有助於初創企業獲得所需要的資金。

(2) 轉變傳統製造業的生產模式

傳統的製造業是生產導向,即企業能生產什麼,就生產什麼;企業生產什麼,就銷售什麼。這種模式易造成供給和需求的不匹配,最終導致企業商品滯銷的同時,使用者的需求得不到滿足。隨著數位經濟時代的到來,企業變得越來越資訊化,逐漸累積豐富的使用者資料。如何利用累積的資料,探勘有用的資訊,且透過這些資訊,更加掌握客戶的偏好,成為企業需要解決的一個重要問題。作為製造企業,要轉變思維模式,在生產過程中,要完成以生產為中心到以客戶為中心的轉變。例如企業可以透過各種管道(如商品評論),獲得使用者對某一產品的回饋資料,利用文字資料探勘技術,對資料進行分析,從而了解客戶的行為和偏好,及時設計並生產出相應的產品,以滿足客戶的需求。

(3) 行業的聚合與無邊界新趨勢

巨量資料技術弱化了部門之間、企業之間以及行業之間的邊界。這個特點使企業的管理層次變得越來越扁平,顛覆

了傳統自上而下的經營模式。隨著巨量資料、雲端運算、物聯網等技術的迅速發展，融合成為必然的趨勢，這種趨勢使傳統的很多邊界變得模糊。對企業來說，融合具有極其重大的意義。透過各種資源的融合，企業可以提升產品和服務的品質，提升客戶的體驗，從而吸引更多客戶，形成自身的競爭優勢。此外，融合也為提供資訊科技服務的企業以及軟體開發企業，帶來了很多機遇，例如因市場環境發生變化，傳統的企業需要引入新興技術來實現轉型，但大多數企業自身沒有研發能力，在這種情況下，與提供技術的企業合作，無疑是一個實現雙贏的模式。

(4) 即時商務智慧

傳統的商務分析是對歷史資料、過去的資訊進行分析，例如企業在年底對各種財務報表的分析。這種模式的主要問題是分析結果具有滯後性，不能即時找出前期存在的問題，並即時採取相應的解決措施。而巨量資料時代的商務智慧分析具有即時性，可以馬上掌握現階段的各種資訊，並即時呈現分析結果。比如，業務部門可以利用巨量資料智慧商務分析系統，與客戶進行即時的資訊交流，從而提供訂製化服務，實現精準行銷；透過智慧商務分析系統，還可以為企業提供即時的分析報告，有利於企業發現新的商業機會。

(5) 巨量資料驅動進階分析與預測決策

透過資料探勘並對資料的發展趨勢進行預測，可以獲得企業資料的價值。透過對資料的即時分析，可以隨時隨地向企業提供資訊，將企業的資料變成企業的資源。企業可以透過建立預測模型，利用累積的資料，進行科學預測，充分挖掘企業的競爭優勢，為企業的發展提供方向 (李豔玲，2014)。利用資料分析的結果，可以更加掌握客戶的特定需求，進而實現精準推薦。例如服務型企業可以利用巨量資料技術，對使用者的相關評論進行主題提取和情感分析，了解使用者最關心的內容，以及對現有服務的情感傾向，並有針對性地對現有服務進行改進，為顧客提供更高品質的服務。

5.3.3　資料驅動下的企業技術創新的管理要素

(1) 研發模式

在巨量資料時代，企業想實現技術創新，就要不斷地進行研發投入。研發的主要任務是知識的應用和創造。從經濟學的角度來看，研發就是知識投入與產出的過程 (丁雪辰等，2018)。具體到一個項目，包括以下幾個流程，如圖 5-5 所示。其中，評價與決策環節的主要作用，是預見研發項目實施後可能會遇到的問題，進而判斷項目是否能夠經過所有階段，並獲得成功。

图 5-5　研發過程（雷家等，2013）

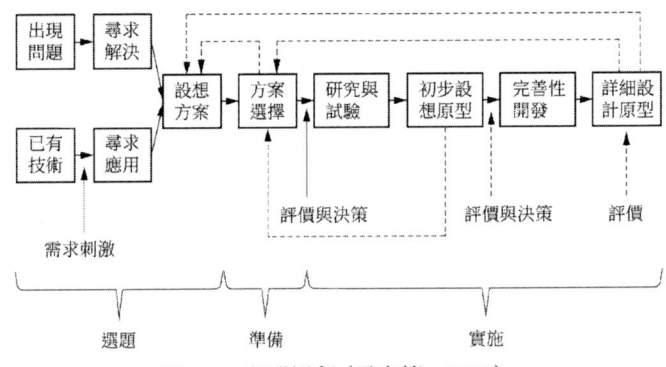

從研發主體和技術來看，有以下三種研發模式，如表 5-1 所示。企業要根據自身的實際情況，選擇合適的研發模式。

表 5-1　研發模式

研發模式	自主研發	合作研發	委託研發
優點	企業可以形成獨特的技術或產品，在市場上擁有很強的競爭力，對未來技術的發展有很大的支持作用	可以迅速提高公司的技術能力，可以分散風險，並在短期內獲得經濟效果	不需要公司投入太多的精力
缺點	資金負擔大，必須投入大量的技術人員	存在衝突、技術不相容和誠信等問題	不能提高本公司的技術創新能力

研發模式	自主研發	合作研發	委託研發
商業化速度	商業化速度較慢	商業化速度較快	依靠有研發優勢的機構開發技術,商業化速度較快
所需資金	需要投入研究經費、人員費、材料費、實驗設備費等	與合作部門共同出資	交付給對方研發費用

(2)人力資源管理

人才的競爭是企業競爭的核心所在。企業若想實現技術創新,就必須及時更新人力資源管理方式。優秀的人力資源配置,可以營造良好的企業氛圍,有利於企業的迅速發展。如果企業使用傳統的人力資源管理方式及落後的人力資源管理思維,則必定會阻礙企業技術創新的推進(胡曉惠,2017)。

在巨量資料時代,資訊科技的廣泛應用,加快了人才培養的速度。線上應徵平臺為企業人才的選擇提供了更多途徑。巨量資料技術的運用,促進了企業對人才的培訓和管理,但是這也使企業之間的人才競爭變得更加激烈。巨量資料背景下的企業人力資源管理,要更注重包容性和開放性。要結合資訊科技,不要被傳統的管理模式約束,鼓勵企業員工利用巨量資料平臺進行溝通與交流。在網路技術支撐的基礎上,開展人力資源的相關活動,比如應徵、培訓和績效管

理。企業領導者要有長遠的眼光，在管理模式上努力實現人力資源的最佳化配置(李宏偉，2017)。具體可以從以下兩個方面入手：

第一，建立科學的人力資源管理體系。從宏觀角度出發，企業的人力資源體系，對企業的發展具有指導性作用；從微觀角度來看，企業的人力資源體系，對企業內部的科學管理有重要的影響。因此，企業要結合巨量資料環境，在確定企業發展目標的前提下，做好人力資源的詳細規劃。具體來說，需要基於企業自身的實際情況，來制定發展策略，將人力資源部門放在重要的位置，進行系統的管理。

第二，實現資訊化的創新。企業可以運用巨量資料相關技術，建立人力資源資訊系統，實現資訊與管理技術的統一。同時，透過該平臺，對管理的內容、流程和結果，進行相應的詮釋，為企業的策略決策提供支持。

資訊化的創新管理方式，主要展現在四個方面：人才應徵、員工培訓、員工關係以及績效管理。在巨量資料時代，企業要充分利用資訊科技，透過網站及手機應徵類 App，釋出應徵資訊，快速匹配合適的員工；員工的培訓是根據人力資源的規劃與具體要求，採用學分制，實現員工培訓內容的資訊化。企業可以對員工進行定期考核，以提高員工的專業知識；員工關係需要巨量資料作為媒介，將工作技術、工作內容與企業制度進行有機結合，人力資源管理部門應該根

據員工的意見,及時給予回饋;績效考核管理的資訊化,可以增加員工對企業的認同感,企業根據巨量資料績效考核軟體,提高員工考核的品質與水準。

綜上,巨量資料時代下的企業人力資源管理方式需要做出改變,及時更新管理者的思維方式,建立科學的人力資源管理機制,才能適應市場競爭環境,推進企業技術創新發展。

(3) 培育資料文化

企業想實現技術創新,就必須在企業中培育資料文化。透過培育資料文化,可以增加成員對巨量資料應用的信心。具體可以從以下兩方面入手:

首先,要遵守良好的資料治理原則。良好的資料治理是企業資料文化的有效推動力,同時也是企業推行資料文化的理想結果。資料治理不僅是脫離現實的純理論內容,更應該是結合企業的實際情況,扎根於企業資料文化的、具有現實意義的內容。企業推行良好的資料治理原則,不僅有利於企業資料品質的保障,還有利於企業總體資料意識的提高,進而增加企業員工對資料文化的認同感。

其次,要努力打破資訊孤島(Information island)現象。想實現資料的資本化,首先要使資料打破其受限制的儲存庫。努力弱化組織和技術之間的壁壘,實現跨部門、跨企

業,甚至是跨行業的資訊無障礙交流。如果資訊的流動受到阻礙,部門之間、企業策略夥伴之間,會存在資訊不對稱的現象,從而降低經營的效率,不利於企業的發展。

對企業策略合作夥伴而言,只有在資源(包括企業掌握的資料和資訊)共享的情況下,企業之間才能實現整體效益最大化。因此,必須在企業中不斷推崇這個概念,並將其深深根植於企業員工的思想中。企業管理階層要充分重視資料文化對企業資料策略的影響。如果企業員工牴觸公司資訊化,那麼無論企業高層如何努力,都無濟於事。因此,企業可以透過培養資料文化,讓員工慢慢從心底接收資料在企業經營過程中的運用,進而向企業引入完善資料管理流程(毛偉,2020),推進企業技術創新的發展。

5.4 本章總結

在這個大眾創業、萬眾創新的時代,資料驅動的智慧創新與創業備受關注。本章主要介紹了資料背後的商業價值挖掘、資料驅動下的創新創業以及資料驅動下的技術創新。

本章首先介紹資料背後的商業價值,分別是客戶的個性化精準推薦、顧客群體的細分、客戶關係管理、使用者行為預測,以及在資料探勘過程中會遇到的困難點及應對方法。

第 5 章　資料驅動的創新與創業

　　困難點主要有資訊中非結構化資料的存在，以及中小企業資料探勘成本高昂。針對這些困難點，一方面，企業可以將資料探勘業務進行外包，或應徵更多資料探勘領域的人才，以降低成本，提高效率；另一方面，大學要不斷改進教育課程、培養方式等，以培養出符合企業需求的資料探勘領域人才。

　　其次介紹資料驅動下的創新創業的內涵、現狀以及機會。在巨量資料時代，存在很多創新創業的機會，最明顯的特徵是微創新，但是仍然存在資料流動性不足、資料安全、巨量資料人才緊缺和獲得投資難度加大等問題。創業者可以透過提供巨量資料服務、以巨量資料為依託做行業服務或做巨量資料相關產業的配套服務，來進行創業活動。

　　最後討論了資料驅動下的技術創新的內涵與類型、企業商業模式的技術創新以及企業技術創新的管理要素。技術創新可以根據創新對象、創新源和創新的新穎程度來區分。企業可以從金融業務模式、以客戶需求為核心、行業的聚合與無邊界新趨勢、即時商務智慧和進階分析與預測決策等方面，進行商業模式的技術創新。此外，想實現資料驅動下的企業技術創新，就必須從技術研發、企業的人力資源管理模式和培育企業的資料文化等方面入手，提高企業員工的資訊素養，從而推進企業技術創新的發展。

參考文獻

[01]　陳憲宇. 大數據的商業價值 [J]. 企業管理，2013（3）：108-110.

[02]　代明，殷儀金，戴謝爾. 創新理論：1912——2012——紀念熊彼得《經濟發展理論》首版 100 週年 [J]. 經濟學動態，2012（4）：145-152.

[03]　丁雪辰，柳卸林. 大數據時代企業創新管理變革的分析框架 [J]. 科學研究管理，2018，39（12），4-12.

[04]　馮麗麗等. 農業大數據在河南省生豬生產中的應用分析 [J]. 河南農業科學，2020，49（7）：155-160.

[05]　葛寶山等. 全球化背景下的創新與創業——「2011 創新與創業國際會議」觀點綜述 [J]. 中國工業經濟，2011（9）：36-44.

[06]　胡海波，塗舟揚. 大數據背景下傳統製造企業微創新演化：「江西李渡」和「貴州茅臺」雙案例研究 [J]. 科技進步與對策，2018，35（3）：101-110.

[07]　胡曉惠. 關於大數據時代企業人力資源管理創新的幾點思考 [J]. 現代商業，2017（11）：64-65.

[08]　雷家，馬肅，洪軍. 技術創新管理 [M]. 北京：機械工業出版社，2012.

[09]　李冰．分析大數據背景下小企業創新創業路徑 [J]．現代行銷（經營版），2020，326（2）：50-51．

[10]　李宏偉．基於大數據時代企業人力資源管理變革的分析 [J]．人力資源管理，2017（1）：9-10．

[11]　羅洪雲，張慶普．知識管理視角下新創科技型小企業突破性技術創新過程研究 [J]．科學學與科學技術管理，2015（3）：143-151．

[12]　李文博．新創企業微創新行為的關鍵環節認知——話語分析方法的一項探索性研究 [J]．研究與發展管理，2015，27（3）：83-93．

[13]　李豔玲．大數據分析驅動企業商業模式的創新研究 [J]．哈爾濱師範大學社會科學學報，2014（1）：55-59．

[14]　林嵩，張幃，邱瓊．創業過程的研究敘述及發展動向 [J]．南開管理評論，2004，7（3）：47-50．

[15]　劉陽陽．大數據驅動生鮮農產品供應鏈模式創新與運作最佳化 [J]．商業經濟研究，2020（16）：150-152．

[16]　馬建光，姜巍．大數據的概念、特徵及其應用 [J]．國防科技，2013（2）：10-17．

[17]　毛偉．大數據時代企業創新的文化驅動 [J]．浙江社會科學，2020（6）：12-20，155．

[18] 王金環等.中國智慧養豬現狀,問題及趨勢 [J]. 中國豬業,2018,13(12):16-22,26.

[19] 吳信東.資料探勘的十大演算法和十大問題 [C]. 中國人工智慧學會,2008.

[20] 熊彼得,鄒建平.熊彼得:經濟發展理論 [M]. 北京:中國畫報出版社,2012.

[21] 徐德力.基於客戶體驗的企業微創新機制及策略探析 [J]. 常州工學院學報,2013(6):65-70.

[22] 周青等.企業微創新:研究述評與展望 [J]. 科技進步與對策,2019,36(2):159-166.

[23] ARDICHVILI, A., CARDOZO, et al. A theory of entrepreneurial opportunity identification and development[J]. Journal of Business Venturing,2003(18):105-123.

[24] Baker, T., Nelson, et al. Creating something from nothing:resource construction through entrepreneurial bricolage[J]. Administrative Science Quarterly,2005,50(3):329-366.

[25] TIMMONS, J. A., SPINELLI, et al. New Venture Creation. 人民郵電出版社.

第 5 章　資料驅動的創新與創業

第 6 章
資料安全與道德責任

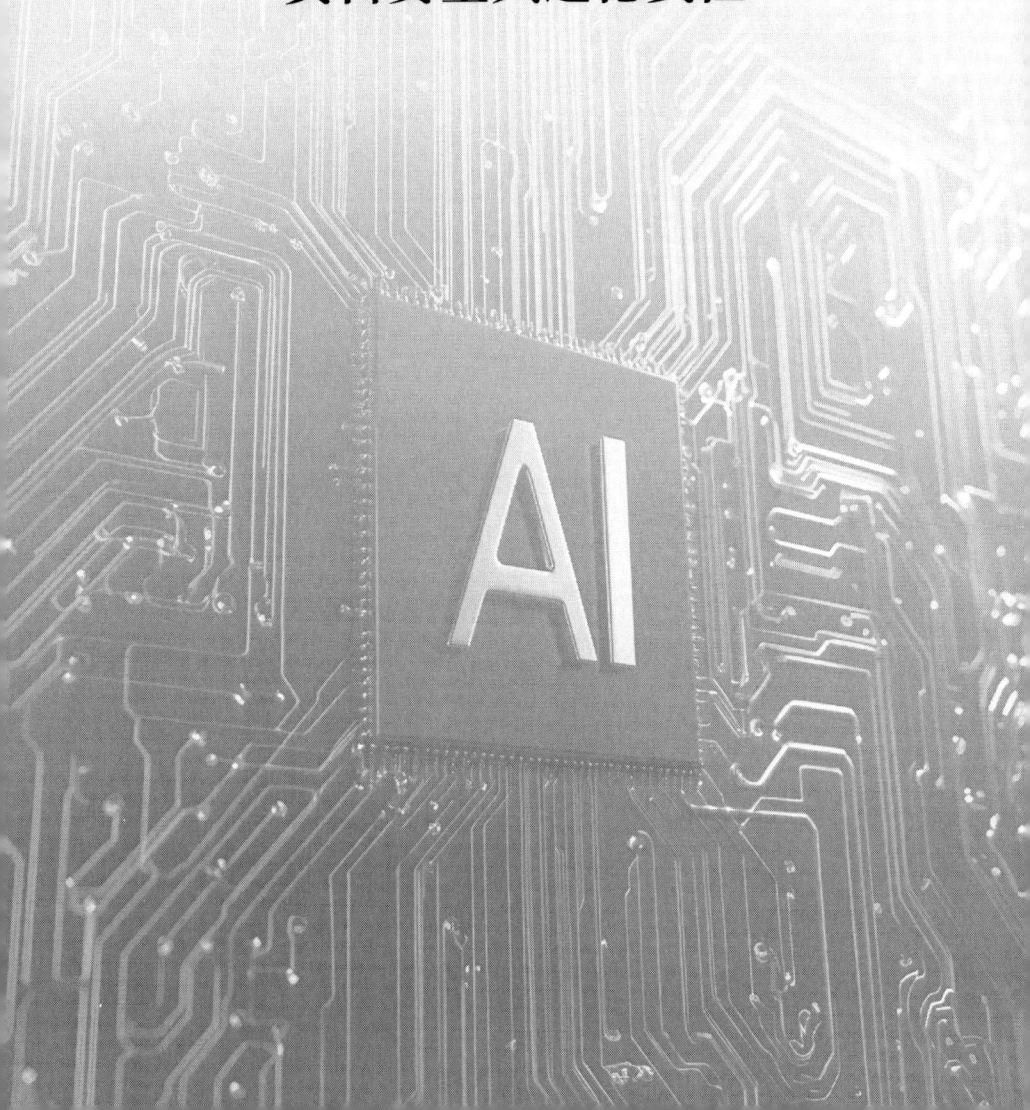

第 6 章 資料安全與道德責任

6.1 資料安全與隱私保護的挑戰

資料安全在傳統時代就面臨不少問題,而在資料時代,面臨的問題則更加多樣。資料防護、資料管理規則、資訊加密技術、安全審計和個人隱私保護,都面臨著更加嚴峻的挑戰,資料安全與隱私保護問題,是資料科學技術應用的一大重要議題。

6.1.1 資料安全和隱私保護的問題

(1)隱私和個人資訊安全問題

隱私權是法律賦予個人的一種權利,認可個人能夠以自己的意志控制自己的私人生活;法律承認隱私權,意味著公民的私人生活與私人資訊,都會受到法律的保護,如保護公民個人資料、私人住宅、個人身體等,使其能免受非法打擾、蒐集利用和公開之憂(陳仕偉,黃欣榮,2016)。個人隱私具有排他性和私密性,隨著公民自身權利意識的增加,個體生活空間的拓展,隱私和個人資訊安全越來越受到社會的重視,在公民參與網路活動中,公民的隱私資訊,常常會以資料的形式儲存在資訊系統中。因此,在資料時代,隱私和個人資訊安全問題很容易發生:手機下載 App 時經常會請求讀取權、存取權之類的許可權;一些網路平臺在註冊時,也會

強制性要求使用者提供自己的私人資訊，否則無法註冊、交易、安裝。大多數情況下，使用者為了使用這些服務，都會接受強制性的使用者協議條款。隨著網路技術不斷進步，各類社群平臺如雨後春筍般出現，平臺對使用者隱私保護的措施，需要更加規範和慎重。

(2) 國家安全問題

一些敏感的資料，如金融、國防、醫療、情報等，都可能在保密措施的漏洞下，被其他國家竊取，造成國家安全問題。資料在蒐集、儲存、分析等環節上，也有可能因為技術安全漏洞，加劇資料洩漏的風險 (Wang, 2021)。與國家安全和利益相關的資料，極易成為網路攻擊的目標，一旦這些機密資料被其他國家竊取或監控，國家的安全將會受到威脅，如此看來，資料領域已然成為國家之間博弈的新戰場。著名的「稜鏡計畫」和「維基解密」事件，與其主要人物史諾登 (Edward Snowden) 和亞桑傑 (Julian Paul Assange)，向全世界人民展露了整個網路都在面臨資料監控的殘酷真相。

6.1.2 典型案例

(1) 網路爬蟲

網路爬蟲只是一種技術，它可以透過構造合理的 http 請求、設定 cookie、使用代理等自動獲取網路資訊 (李帥,

第 6 章　資料安全與道德責任

2020)。它作為技術，本身是不違法的，但在實踐中的合法性判定，則需要另談，比如是否危害企業競爭的公平、是否違反了倫理道德規約。

(2)「稜鏡計畫」事件

2013 年英國《衛報》(The Guardian) 和美國《華盛頓郵報》(The Washington Post) 共同報導了一則新聞，該新聞一問世，便引起全球譁然：美國中央情報局 (CIA) 和美國聯邦調查局 (FBI) 一直在祕密監控網路使用者的一舉一動。這項高度機密的監控專案，代號為「稜鏡」，自 2007 年小布希政府時期就開始實施，主要方式是透過接入美國網路公司的中心伺服器，來進行資料監控與蒐集，而美國最主要的 6 家網路公司（雅虎、臉書、Skype、微軟、YouTube 和蘋果）都參與了這個專案。報導稱美國的情報分析人員可以直接接觸所有使用者的資訊、直接跟蹤使用者的一舉一動及使用者的所有聯絡人。受「稜鏡」監控的資料，主要有 10 種類型：照片、影片、語音聊天、傳輸檔案、視訊會議、電子郵件、即時資訊、儲存資料、登入時間和社群網路資料。

(3)「維基解密」事件

維基解密 (Wikileaks) 成立於 2006 年 12 月，聲稱是為了揭露政府及各大企業的腐敗行為而成立的，甚至號稱自己的

資料來源不必被審查，也不能被追查，該網站有數十個國家的支持者支持營運 (郎為民，2011)。

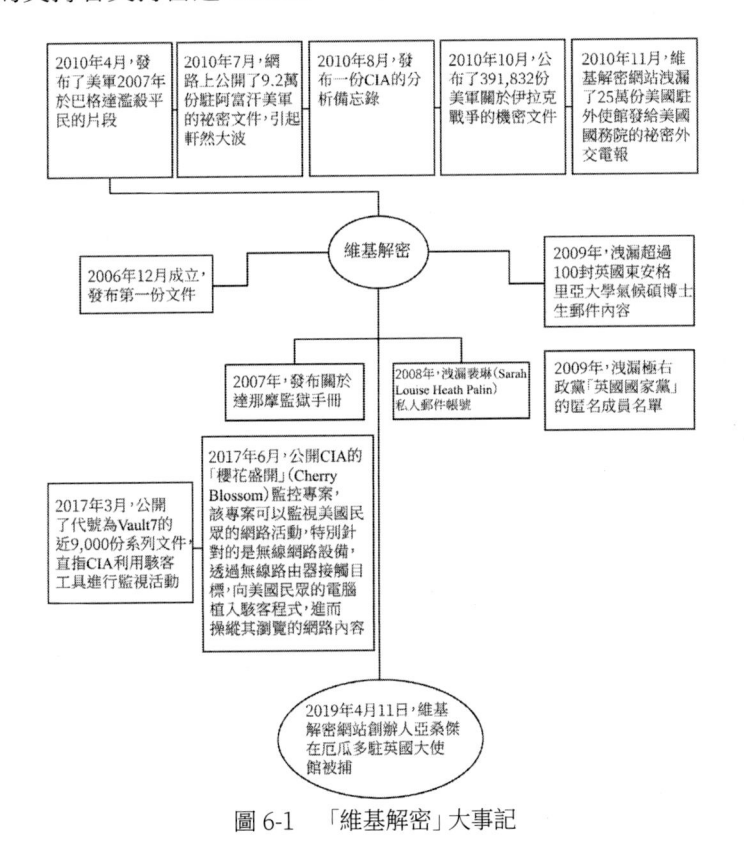

```
┌──────────────┐ ┌──────────────┐ ┌──────────────┐ ┌──────────────┐ ┌──────────────┐
│2010年4月，發   │ │2010年7月，網  │ │2010年8月，發  │ │2010年10月，公 │ │2010年11月，維 │
│布了美軍2007年 │ │路上公開了9.2萬│ │布一份CIA的分  │ │布了391,832份 │ │基解密網站洩漏 │
│於巴格達濫殺平 │ │份駐阿富汗美軍 │ │析備忘錄        │ │美軍關於伊拉克 │ │了25萬份美國駐 │
│民的片段       │ │的祕密文件，引起│ │              │ │戰爭的機密文件 │ │外使館發給美國 │
│              │ │軒然大波       │ │              │ │              │ │國務院的祕密外 │
│              │ │              │ │              │ │              │ │交電報         │
└──────────────┘ └──────────────┘ └──────────────┘ └──────────────┘ └──────────────┘
                                          │
                          ┌───────────────┴───────────────┐
                          │         維基解密              │
                          └───────────────┬───────────────┘
   ┌─────────────────┐                    │                    ┌─────────────────┐
   │2006年12月成立，  │                    │                    │2009年，洩漏超過 │
   │發布第一份文件    │                    │                    │100封英國東安格  │
   │                 │                    │                    │里亞大學氣候碩博 │
   │                 │                    │                    │士生郵件內容     │
   └─────────────────┘                    │                    └─────────────────┘
            ┌────────────────┐  ┌──────────────────┐  ┌─────────────────┐
            │2007年，發布關於 │  │2008年，洩漏裴琳  │  │2009年，洩漏極右 │
            │達那摩監獄手冊   │  │(Sarah Louise     │  │政黨「英國國家黨」│
            │                │  │Heath Palin)私人  │  │的匿名成員名單   │
            │                │  │郵件帳號          │  │                 │
            └────────────────┘  └──────────────────┘  └─────────────────┘
                       ┌────────────────────────┐
   ┌─────────────┐     │2017年6月，公開CIA的    │
   │2017年3月，公│     │「櫻花盛開」(Cherry    │
   │開了代號為   │     │Blossom)監控專案，該專 │
   │Vault7的近   │     │案可以監視美國民眾的網 │
   │9,000份系列文│     │路活動，特別針對的是無 │
   │件，直指CIA利│     │線網路設備，透過無線路 │
   │用駭客工具進 │     │由器接觸目標，向美國民 │
   │行監視活動   │     │眾的電腦植入駭客程式   │
   │             │     │式，進而操縱其瀏覽的網 │
   │             │     │路內容                  │
   └─────────────┘     └────────────────────────┘
                                  │
                      ┌───────────────────────┐
                      │2019年4月11日，維基解密│
                      │網站創辦人亞桑傑在厄瓜 │
                      │多駐英國大使館被捕      │
                      └───────────────────────┘
```

圖 6-1 「維基解密」大事記

(4) 個人資訊買賣

雖然網路實名制越來越嚴格，但是仍有違法分子為了獲取大量網路帳號，惡意註冊，甚至形成了分工明確的黑色產業鏈 (許晴，2018)。

(5) 人肉搜索

人肉搜索在很多情況下總是和網路暴力連結在一起。肉搜需要網友們對搜尋引擎所提供的資訊逐個辨別，知情人士也可以在網路上透過匿名的方式提供資訊，這樣雙管齊下去尋找特定的人、事件或真相（唐越，2018）。網路的出現，為人肉搜索提供了更便利、快捷的技術條件，人們在使用網路時，會在網路空間中留下大量印記，這些印記可以被永久儲存。人肉搜索除了造就網路暴力，還有可能造就現實犯罪。比如一些女孩會 Po 各種生活照到社群媒體上，一些不法分子就會根據這些碎片，拼湊出女孩的資訊，實施犯罪。

6.1.3　資訊時代的資料安全與隱私保護

(1) 各國的資料安全和隱私保護的實踐

①美國的資料安全和隱私保護的實踐（見表 6-1）。

表 6-1 美國的資料安全和隱私保護實踐（劉克佳，2019）[09]

年分	具體實踐
2012	歐巴馬政府宣布推動《消費者隱私權利法案》的立法程序，確立資料的所有權屬於使用者，但因科技巨頭的反對，最終未能通過

---

[09] U.S.NationalTelecommunicationsandInformationAdministration.NTIAseekscommentonnew approachtoconsumerdataprivacy[EB/OL] .[2019-03-05] .https://www.ntia.doc.gov/press-release/2018/ntia-seekscomment-new-approach-consumer-data-privacy.

年分	具體實踐
2014	美國總統科學技術顧問委員會（PCAST）釋出報告《大數據：技術視角》[10]，提出美國應領導巨量資料國際規則秩序的制定
2015	美國白宮釋出《大數據：掌握機遇，守護價值》白皮書，闡明美國資料應用的現狀和政策框架，並建議透過法律，統一資料洩漏的標準
2016	美國國家科技委員會釋出《國家隱私研究策略》[11]，建議加強政府機構間的協調，並為隱私相關研究專案提供資金支持
2018	美國國家電信和資訊管理局就隱私保護政策徵求社會意見
2018	美國國土安全部開展的「視覺化和資料分析卓越中心」（CVADA）項目，希望能透過對大規模異構資料的研究，解決網路威脅等問題
2018	美國國家安全局開展的 VigilantNet 項目，投資近 20 億美元，在猶他州建立資料中心，進行多個監控項目的資料採集和分析
2020	2020 年 1 月《加州消費者隱私法案》（CCPA）生效，該法案在訪問、刪除和分享企業蒐集到的個人資料上，賦予了消費者新的權利
2021	2021 年 3 月，維吉尼亞州州長簽署、批准了《消費者資料保護法案》（VCDPA），該法案賦予消費者相關權利，可拒絕將其個人資料用於定向廣告，並有權確認其資料是否正在被處理

---

[10] 劉克佳，2019。
[11] 劉克佳，2019。

②歐盟的資料安全和隱私保護實踐（見表 6-2）。

表 6-2　歐盟的資料安全和隱私保護實踐
（魏國富和石英村，2021）[12]

年分	具體實踐
1955	歐盟制定《電腦資料保護法》
2018	歐盟發表《通用資料保護條例》（General Data Protection Regulation，GDPR），GDPR 的核心目標是「將個人資料保護深度嵌入組織營運，真正將抽象的保護理論轉化為實實在在的行為實踐」。自 GDPR 釋出之後，企業都需要重新審視隱私政策、業務流程、資訊科技系統、策略布局等計畫
2020	歐盟委員會釋出《歐洲數據策略》
2020	歐盟委員會向歐洲議會和歐盟理事會提交《資料保護是增加公民賦權和歐盟實現數位化轉型的基礎—GDPR 實施兩年》報告
2020	歐洲資料保護監督機關（EDPS）釋出《歐洲資料保護監督機關策略計畫（2020～2024）—塑造更安全的數位未來》
2021	歐洲數據保護委員會通過了一項《關於涉及個人資料傳輸國際協議的宣告》[13]，提議歐盟各成員國進一步評估和審查個人資料傳輸的國際協議

[12]　文中參考來源：EuropeanDataProtectionSupervisor.EDPSStrategy2020—2024：Shapingasaferdigitalfuture[EB/OL]．（2020-06-30）[2020-08-24]．https://edps.europa.eu/edps-strategy-2020—2024/

[13]　魏國富 & 石英村，2021 文章。

③其他國家的資料安全和隱私保護實踐（見表 6-3）。

表 6-3　其他國家的資料安全和隱私保護實踐
（黃道麗，胡文華，2019）

國家	年分	具體實踐
日本	2003	2003 年通過、2005 年正式實施的《個人資訊保護法案》，是日本關於資料保護的第一個綜合性法律
	2013	2009 年初由日本自民黨領導的執政聯盟提議的《「通用號碼」法案》，於 2013 年經日本國會議院通過
	2014	日本政府透過 IT 策略總部，頒布了 140724 法案—《個人資料利用系統改革綱要》
澳洲	2009	釋出《網路安全策略》，明確提出資訊安全政策的目的是維護安全、恢復能力和可信的電子營運環境
	2012	釋出《資訊安全管理指導方針：整合性資訊管理》[14]，為資料整合中所涉及的安全風險，提供了最佳管理實踐指導

[14] 陳萌．澳大利亞政府資料開放的政策法規保障及對我國的啟示 [J]．圖書與情報，2017（1）：9. 原文未提供報告來源，相關網站：https://www.cyber.gov.au/acsc/view-all-content/ism

國家	年分	具體實踐
印度	2012	印度批准國家資料共享和開放政策,促進政府擁有的資料和資訊,得到共享和使用
印度	2018	印度仿效歐盟的 GDPR,釋出《個人資料保護法 2019(草案)》[15]。《印度電子商務國家政策框架草案》則規定了廣泛的資料在地化要求,且對印度政府認定的重要資料,要求僅能在印度境內處理
新加坡	2012	公布《個人資料保護法》,旨在防範對國內資料以及源於境外的個人資料的濫用行為
韓國	2013	對個人資訊領域的限制做出適當修改,制定了以促進資料產業發展,並兼顧對個人資訊保護的資料共享標準
俄羅斯	2007	《關於資訊、資訊科技和資訊保護法》、《俄羅斯聯邦個人資料法》要求個人資料應當在境內儲存,應當在俄羅斯建立資料中心,但在俄羅斯境內儲存副本即可,不要求僅能在俄羅斯境內處理

6.2 資料倫理的核心問題與探討

伴隨著資料技術的發展,越來越多社會倫理問題逐漸突顯出來。在資訊時代,迅速發展的網路,已成為人們生活中不可或缺的一部分,人們在網路上留下許多「資料足跡」,同

---

[15] 草案連結 https://journalsofindia.com/draft-national-e-commerce-policy/

時對這些足跡產生一些思考問題：這些資料的所有權歸屬何方？網路公司是否有權儲存和使用這些資料？資訊時代如何保護人的自由和尊嚴？資料是否會為傳統倫理學帶來挑戰？

6.2.1 資訊倫理的概念

資訊倫理從西方倫理學的角度來看，是實踐或規範的，是重視實際應用的。應用倫理學的直接目的，是解決實際的倫理紛爭，求得一個倫理共識和集體選擇（王澤應，2013）。本書在討論「倫理」時，是從概念角度對道德現象進行哲學的思考，是在探討人類、社會、自然三者之間關係的行為規範和基本原則。

科技倫理是應用倫理學的一個分支，它規定了科技工作者在科學技術實踐活動中應當遵守的道德標準、行為準則規範和應當履行的社會責任（熊志軍，2011）。而在科技倫理的討論中，資訊倫理也是討論度相對集中的一個領域，資訊倫理有賴於人們的自主自覺，網路的開放，使全球人民都能參與，不同的種族、不同的文化、不同的價值觀，在網路交流活動中碰撞，不可避免地帶來一系列社會問題，比如網路詐騙、電腦病毒、駭客、垃圾郵件等，這些社會問題，最後都引發資訊倫理的問題。「資料倫理」屬於資訊倫理的範疇，指的是在資訊技術領域，人們應當遵守什麼樣的行為規範（彭知輝，2020）。

第 6 章　資料安全與道德責任

6.2.2　資料倫理問題

在資料研究的初期，人們對資料的認知，帶有理想主義的色彩，認為資料將改變社會結構、重塑人們的世界觀。資料時代下，人類是否會淪為資料技術的工具？資料時代的世界，是否還是以人為本的世界？資料倫理是資料科學的一個重要研究內容，資訊發展中一些具體的倫理問題，吸引著人們的關注。

(1) 資料倫理問題類型

①個人隱私。

個人隱私洩漏不僅是重要的資料安全問題，還是重要的資料倫理問題，上一節已經詳細講解資料時代下的資料安全與隱私保護。個人隱私是私密性質的，個人在使用網路時，都會產生資料，這些資料的刪除權、存取權、使用權、知情權等，都屬於個人權利 (Pascalev，2017)。雖然這些都屬於個人權利，使用者可以對自己產生的資料隨意處置，但在實踐的很多情形中，個人隱私安全難以得到保障。第一，資料的所有權不明晰。個人的網路資料應當屬於個人，但由於缺乏法律和倫理規範，資料可以透過網路被任意傳播，無視被採集者的隱私洩漏危險。第二，行為偏好方面的資料容易被利用。這都是個人隱私洩漏的資料倫理問題，挑戰使用者在網路時代的尊嚴。

②數位落差。

數位落差(也有「數位鴻溝」或「技術鴻溝」的說法),是指各個地區、組織、群體對資料科學、資料科學成果、資訊資源等的掌握、蒐集情況有所差異,這些差異帶來收益分配的不同,最終貧富差距進一步兩極分化(溫亮明等,2019)。

其實「落差、鴻溝」早已存在,因為資料本質上仍是一種資源,數位落差其實仍是一種社會分配不公平的問題表現,不是資料造成的數位落差,而是資料應用的設計、使用、推廣,導致了鴻溝的產生。縮小數位落差,增進人類福祉、保障社會公平,是具有全球價值的資料倫理問題。

資料獨裁。

資料獨裁,是指由於社會經濟、政治、文化的發展,資訊和資料都呈指數爆炸式成長,導致過去傳統的工作模式,無法在現在做出更加準確的判斷,必須靠資料進行結果分析、提供決策支援(宋吉鑫,2018)。雖然透過資料分析能提高決策的準確度,但這也有可能會讓人們「唯數據論」,使人類淪為資料的奴隸(黃欣榮,2015)。由於處於弱勢的社會主體難以察覺企業如何對待人們產生的資料,一些企業會透過假造資料來控制市場、輿論,甚至政治。一些企業,甚至不會告知人們資料探勘的真實情況,會透過所謂「使用者協議」,來規避相關責任,甚至攫取利益。就資訊化程度來說,經濟發達地區與資訊不發達地區,有巨大差異,經濟發展的地區性

與階層性,也「造成了地區性與階層性的資料獨裁,剝奪了弱勢群體的平等競爭機會」。

④資訊異化。

「異化」一詞源於拉丁文,原意指「分離、使疏遠、使不和、讓渡」等,異化一般指主體所創造的對象、客體,反過來支配和奴役主體。因此所謂的「資訊異化」,就是指人原本是資訊的創造者和控制者,但因為對資訊的過度依賴和盲目推崇,導致人反而被資訊奴役和控制(安寶洋,2015)。

在資訊時代,網路越來越強大,人工智慧越來越聰明,人類在面對呈爆炸式成長的資料資訊時,很有可能會讓資料替自己做選擇:政客藉助輿情預測,調整競選方案;企業藉助資料模型,選擇產品生產;遊客根據旅遊預測,選擇旅遊目的地等……這種決策的正規化雖然是科學的,有機會減少試錯成本,提高辦事效率,但同時意味著創新意識的沒落。當人們失去自主反思批判的意識能力,成為資料的奴隸時,人類文明也將面臨危機。

(2) 資料倫理問題產生的原因

①法律體系不健全。

由於法律從提案、起草到頒布、執行,需要滿長的時間,資料法律的建設,總是滯後於資料技術的發展,資料法律制約體系的不健全,是造成資料倫理問題產生的原因之一

(宋吉鑫等，2017)。而且法律、法規經常都是對已出現的資料倫理問題做出反應，也就是說，法律沒有辦法預見還未發生的資料倫理問題。因此，相關的法律、法規如果模糊不清，懲罰力道不大，就容易導致違法成本較低，給缺乏社會責任感、缺乏倫理規範意識的資訊企業機會和空間，去忽視相關問題。

②企業倫理道德規範缺失。

企業是最能直觀享有資料帶來的不斷提升的商業價值的一方，利益的誘惑，易使企業忽視道德標準。例如企業希望透過巨量資料相關技術，對不同的數據進行分析，從而將產品、服務精準推送給使用者，但這種行為，侵犯了使用者的知情權、選擇權、公平交易權和個人資訊的隱私保護，這也對應出當前部分企業倫理道德的喪失，違反市場公平的原則。倫理道德規範缺失容易導致資料倫理問題的產生。

③資料技術缺陷。

資料技術本身的缺陷和資料思維能力的不成熟，也是資料倫理問題產生的一個重要原因。例如一些企業的資訊科技計畫，建立在不夠成熟的資料技術基礎上，導致安全漏洞頻出，在資料安全管理方面存在缺失。資料本身只是一種資源，是不具有甄別資訊功能的，加之資料技術的加密和程式碼的倫理約束不成熟，容易被不法傳播、利用，資料加密技術水準和資料監管水準，都需要規避技術缺陷，防範資料倫理問題。

6.2.3 典型案例

(1)「資訊繭房」(亦被稱為同溫層效應、迴聲室效應)問題

最先提出「資訊繭房」的是桑斯坦 (Cass Sunstein),他在《網路共和國:網路社會中的民主問題》[16] 中,提出了「個人日報」(dailyme)的理念。在網路時代,每個人都可以根據自己的喜好、興趣,進行資訊選擇,量身訂製一份令自己感到愉悅放鬆的「dailyme」,然而這種完全由自己的喜好進行資訊選擇的行為,很可能會使其陷入資訊繭房中。

就像蠶一樣,被桎梏於小小的「繭」中,資訊繭房是指人們在資訊領域會習慣性地被自己的興趣、喜好所引導,使自己生活在這些資訊築成的、猶如蠶繭一般的「繭房」中,並為之愉悅的現象(孫士生,孫青,2018)。這些人在社群(繭房)內的交流是十分有效率的,但這種「有效率」,不見得比資訊匱乏的時代更加順暢有效。長期禁錮於資訊繭房中,人們會漸漸失去接觸、了解不同事物的機會和能力;不了解其他事物,人們就不可能考慮周全,容易陷入盲目自信的心理,甚至將自己的偏見認定為絕對的真理。

最典型的資訊繭房是「粉絲團」,即當下娛樂文化和網路文化中頗具代表性的群體,擁有獨特的行動準則。「粉絲團」

---

[16] 凱斯·桑斯坦.《網路共和國:網路社會中的民主問題》[M].黃維明,譯.上海:上海人民出版社,2003.

的行動準則，使團內成員的行為具有高度一致性，也使群體極端化的事件在團內屢次發生(鄭雪菲，2020)。粉絲基於個人興趣，社群平臺中的追蹤對象多與偶像相關，個體對資訊的選擇性接觸、偏好，與偶像的關係高度密切，構築形成資訊繭房。資訊繭房中經常會有意見領袖來為繭房內的成員過濾資訊，他們組織、呼籲成員一起維護偶像的形象和利益。粉絲在這些意見領袖潛移默化的影響下，思想行動越來越被禁錮，注意力不斷損耗，難以擠出接觸其他類型資訊的時間與關注空間。思想上的「繭房」，很容易演變為行動上的偏激，引發網路暴力、網路謾罵。

(2) 大數據「殺熟」

大數據殺熟的定義是：同樣的商品或服務，老客戶看到的價格與新客戶不同，具體來說，是貴了不少的現象，但是大數據殺熟的類型，並不囿於其定義範圍內(李飛翔，2020)。例如某些 App，即使同樣是會員，購買同樣的商品，使用蘋果手機的使用者，看到的價格也比安卓手機的使用者高。

(3) 資料造假

網路是巨量資料時代的代表，各式各樣的美食、穿搭、美妝、旅行服務應有盡有，人們的食、衣、住、行幾乎都受制於網路，在選擇各類應用和服務時，會開啟搜尋引擎，搜尋各種評價資訊來做出決策。此時就要注意「資料造假」這個

第 6 章 資料安全與道德責任

重要的「潛規則」了，網路企業通常會透過偽造資料，輕鬆控制我們的選擇。

為什麼需要資料造假？由於「搜尋」出來的資料可以影響消費者的決定，正如前文提到的問題，消費者肯定會選擇評價更多、更好的商家，因此「資料造假」可以為商家贏得更多生意。而目前不論是行業還是個體，都很少重視該問題，更遑論追究責任。

資料造假的需求主體主要有兩個，一個是商家，另一個是平臺（溫婧，2018）。對商家來說，資料造假意味著能更輕鬆、更快速地獲得更多好評和更靠前的影響力，這樣更容易影響消費者的決定。而對平臺來說，數據就是生命，只有保持足夠多的優質評價，消費者才會形成使用習慣，可以拿給投資者一份優質的資料。由於需求旺盛，按讚、留言等相關技術已經很成熟，這種機械性的資料造假，成本是十分低廉的。在網路迅速發展的今天，資料造假越來越難以靠肉眼辨識，其危害日益顯現。資料造假不僅威脅著眾多消費者的合法權益和資訊安全，更時刻威脅著整個網路市場的整體秩序和穩定。

6.3 資訊倫理的管理與實踐策略

資訊倫理問題既危害個人的資訊安全，也不利於新技術的健康發展。針對資訊倫理的治理方法，單靠政府或企業，是會有局限的，因此，需要跨領域、跨學科，建構資料治理的框架，進而全面地、整體地治理資訊倫理問題。以下從政策法規、行業標準、安全技術方法、公民素養等方面，討論一些相關管理建議。

(1) 健全政策法規

對於資料安全與隱私保護，需要加強設計、健全政策法規。法律是維護社會安定有序發展、資訊行業健康、可持續發展的強力保護機制，透過制定和完善資料立法，可以規範、約束和引導行為主體。《憲法》和《民法》賦予公民一定的權利，國家有釋出關於「加強網路資訊保護」的決定和「網路安全」等相關法規，但法律畢竟是針對已出現的問題提出對策，政府應當盡快健全法律，制定相關規章制度，加強執法力度，並貫徹執行現有保護資料安全與個人隱私的法規，銜接好相關立法與行業規範，讓相關規定與上位法律標準統一，加大對現有立法檔案的宣傳 (吳靜，2020)。

具體來說，要了解政府、企業、個人的責任，防止資料和資訊安全隱患，確保資料安全與隱私保護。確立資訊安全

管理部門、網路營運商,乃至個人的法律責任範圍,對違法者進行法律制裁。首先,確定公民對個人資訊資料的權利,如知情權、刪除權、存取權和查詢權等,做到有法可據;其次,確立網路企業採集公民資訊資料的範圍,禁止範圍外的資訊採集;最後,在進行資料探勘時,限制敏感資料的使用,加大對違反規定者的懲罰力度,做到執法必嚴,有效約束資料使用者的行為,確保整個網路與社會的安全。

此外,還要透過立法,應對境內外資料安全風險,切實維護國家主權、安全和發展利益。一方面要推動資訊網路安全國際合作,明確國際資料安全的認知、標準及管轄權問題,積極推動國家資料安全與隱私保護法治體系;另一方面,要提高在國際資訊安全領域的話語權,斬斷跨國資料犯罪鏈,確保平等、公平、安全、健康、有序的網路環境。

(2)建構統一標準體系,引導資訊產業規範發展

隨著資料被廣泛應用,資料安全與隱私保護不斷受到威脅,建構資料安全與隱私保護的標準體系,引領資料規範發展,有利於維護我們的合法權益。一,建立資料誠信管理機制,防止資料盜用與隱私洩漏,各級政府和企業應當建立資料誠信管理機制,如徵信授權、資料誠信資訊公開、資料誠信獎懲規範等,維護資料技術市場的安全,確保市場規範誠信執行(劉建華,劉欣怡,2020);二,建立倫理風險評估機制,

在資料技術應用的各個階段，對倫理風險進行評估，以便以最快速度，對倫理風險進行控制和引導；三，建立監管獎懲機制，透過適當的監管獎懲方式，逐漸讓資料主體意識到，資料技術的使用，需要遵守特定的規約，讓群體形成習慣，從而變成倫理自覺；四，推行安全港模式，由政府對資料行業內的每家資料企業進行嚴格查核，只有符合政府的立法標準，才能允許通過、才能推廣應用，只有透過政府來對資料倫理進行保護，才能做到國家利益、資料行業利益和使用者個人利益三者之間的平衡。

(3) 建立資料監管平臺，穩固資訊科技

資料監管機制是資料倫理問題治理的必要方法，核心是建設資料監管平臺，制定資料監管規章制度，規範資料採集和應用的程序，對不法資料的採集、儲存、分析的使用者，進行必要的懲戒、移送司法機關(李洪亮，2017)。網路警察應當擴大監管範圍、加大網路資訊安全保護力度，加強部門管理資料的能力，責令其擔起責任；行政機關應當定期對資料安全監管系統進行檢查，在保障資料共享與流通的同時，滿足資料安全與隱私保護的要求(牛靜，趙一菲，2020)。在資料監管平臺這個核心之外，政府監管部門也應當接受民眾、媒體的監督與評價。擴展社會主體回饋和建議的管道，蒐集在資料採集分析途中，民眾提出的倫理質疑，在多方主體人員的

共同參與下,盡可能公平、公正、合理地解決問題。

穩固資料技術也是資料倫理問題治理的重要方式。資料技術是資料科學發展的基礎,人們對資料科學技術的濫用,往往和資料倫理問題的發生密不可分。因此,我們可以透過提高資料技術的設計,如身分辨識和身分驗證技術、數位水印技術、多層次防火牆系統、防駭客系統、金鑰加密技術、防毒軟體等,在編寫程式時,要思考這個程式是否違反倫理規約,要如何編寫才能防患未然,減少資料倫理問題發生的風險,只有做到這樣,在資料技術使用過程中,才能有效防範和控制資料倫理問題。

(4)增加安全意識,提高全民網路素養

增加資料安全意識,弘揚和培養公民的資料思維與理念,提高全民網路素養,對保護個人、企業、國家資訊安全,具有重要的意義。首先,國家需要加大對資料科學的輿論引導力度,引導民眾對資料正確思維的確立。資料思維作為一種全新的資訊意識和生活理念,每個人都可以在力所能及的範圍內,主動利用隱私設定,來限制個人隱私的資訊傳播。在日常生活中也要注意:一,在瀏覽網站或 App 時,發現風險要立刻關閉,養成關閉定位和定期清理 cookie 的習慣;二,在網站或 App 表示需要提供個人資訊時,謹慎填寫,小心使用者協議條款裡的資料安全與隱私保護的小陷阱;三,小心使用公共場所

的 Wi-Fi 網路服務。其次，需要加強學校、社區在資料安全與隱私保護方面的教育內容，需要在社會管理和公共服務中，逐步引導民眾了解自己的主體地位，成為資料的主人。最後，需要網路使用者自覺提高網路素養，避免因個人的資料保護管理意識淡薄，而造成資訊洩漏的嚴重後果。資料採集分析的人員，也必須經過相關倫理規範的學習與培訓，才能夠工作，使其掌握和遵守道德標準與倫理底線，讓其在思想上、在實踐中，把倫理規範「內化於心，外化於行」。

6.4 本章總結

本章主要探討在各類網路技術不斷發展的情況下，使用者在資訊時代面臨的資料安全和隱私保護，以及資料倫理問題，並就這兩個問題，提出管理策略建議。

首先討論了隱私和個人資訊安全、國家安全兩大關於資料安全和隱私保護的問題，列舉經典案例，具體展示這兩大問題在實際生活中的表現，隨後展示了各國的資料安全和隱私保護的實踐。對於資料倫理，本章首先確立其概念，提出個人隱私、數位落差、資料獨裁、資訊異化四個資料倫理問題，又就資料倫理問題產生的原因進行探討；透過典型案例，展示資料倫理問題的具體表現。

第 6 章 資料安全與道德責任

參考文獻

[01] 安寶洋. 大數據時代的網路資訊倫理治理研究 [J]. 科學研究,2015(5):641-646.

[02] 陳仕偉,黃欣榮. 大數據時代隱私保護的倫理治理 [J]. 學術界,2016(1):85-95.

[03] 黃道麗,胡文華. 全球數據本地化與跨境流動立法規制的基本格局 [J]. 資訊安全與通訊保密,2019(9):22-28.

[04] 黃欣榮. 大數據技術的倫理反思 [J]. 新疆師範大學學報(哲學社會科學版),2015(3):46-53+2.

[05] 李帥. 網路爬蟲行為對數據資產確權的影響 [J]. 財經法學,2020(1):25-34.

[06] 郎為民.「維基解密」事件對中國資訊網路安全的啟示及對策 [J]. 資訊網路安全,2011(5):73-76.

[07] 劉克佳. 美國保護個人數據隱私的法律法規及監管體系 [J]. 全球科技經濟瞭望,2019(4):4-11.

[08] 劉建華,劉欣怡. 大數據技術的風險問題及其防範機制 [J]. 廣西師範大學學報(哲學社會科學版),2020(1):113-120.

[09] 李飛翔.「大數據殺熟」背後的倫理審思、治理與啟示

[J]. 東北大學學報（社會科學版），2020，22（1）：7-15.

[10] 李洪亮. 創新事中事後監管機制，建構大數據監管新格局 [J]. 中國市場監管研究，2017（2）：69-72.

[11] 牛靜，趙一菲. 數位體時代的資訊共享與隱私保護 [J]. 中國出版，2020（12）：9-13.

[12] 彭知輝. 論大數據倫理研究的理論資源 [J]. 情報雜誌，2020（5）：142-148.

[13] 宋吉鑫. 大數據技術的倫理問題及治理研究 [J]. 瀋陽工程學院學報（社會科學版），2018，14（4），452-455.

[14] 宋吉鑫，魏玉東，王永峰. 大數據倫理問題與治理研究述評 [J]. 理論界，2017（1）：48-54.

[15] 孫士生，孫青. 大數據時代新體的「資訊繭房」效應與對策分析 [J]. 新體研究，2018，4（22）：7-10.

[16] 唐越.「大數據」時代網路個人資訊的保護——以「人肉搜索」事件為例 [J]. 河北科技師範學院學報（社會科學版），2018（2）：69-74.

[17] 吳靜. 大數據時代下個人隱私保護之法律對策 [J]. 廣西民族師範學院學報，2020（2）：89-92.

[18] 王澤應. 應用倫理學的幾個基礎理論問題 [J]. 理論探討，2013（2）：41-45.

[19] 溫亮明，張麗麗，黎建輝. 大數據時代科學數據共享倫理問題研究 [J]. 情報數據工作，2019，40（2）：38-44.

[20] 魏國富. 人工智慧數據安全治理與技術發展概述 [J]. 資訊安全研究，2021，7（2）：110-119.

[21] 熊志軍. 論科學倫理與工程倫理 [J]. 科技管理研究，2011，31（23）：184-187+197.

[22] 鄭雪菲. 淺析「粉絲團」中的「資訊繭房」現象 [J]. 新聞研究導刊，2020（9）：72-73.

[23] 屈暢，朱建勇. 裁判文書網數據竟被商家標價販賣 [N]. 北京青年報，2019-08-01（A8）.

[24] 時評鈞. 魏則西事件：事前監管比事後追責更重要 [N]. 人民日報，2016-05-03.

[25] 溫婧. 數據造假成點評類網站「潛規則」？[N]. 北京青年報，2018-10-29（A8）.

[26] 許晴. 斬斷網路「黑帳號」利益鏈 [N]. 人民日報，2018-12-06.

[27] 中國網路安全行業發展前景預測與投資策略規劃分析報告 [R]. 深圳：前瞻產業研究院，2021.

[28] PASCALEV, M. Privacy exchanges：restoring consent in privacy self-management[J]. Ethics Inf Technol，

2017(19):39-48.

[29] WANG, L. Global network security governance trend and China's practice [J]. International Cybersecurity Law Review,2021(02):93-112.

第 6 章 資料安全與道德責任

後記

　　資料科學作為一個蓬勃發展的知識領域，是研究、探索資料奧祕的理論、方法和技術體系，從研究角度來看，它為自然科學和社會科學研究，提供了新方法和工具。從實踐應用角度來看，資料科學具有廣泛的應用場景和切實的產業需求。

　　本書分六個章節，對資料科學的理論基礎與實踐應用進行介紹和討論，旨在為學生與讀者提供一個較為全面的說明。學習資料科學的方法眾多，閱讀圖書、參加線上公開課、參與各類比賽項目、參與學術活動與業界技術會議，都可以拓展我們對資料科學的理解和掌握。

國家圖書館出版品預行編目資料

AI 時代的資料科學，驅動創新的大數據技術：技術框架 × 創新模式 × 行業應用 × 商業價值……整合基礎概念、技術實踐與倫理挑戰，構建資料驅動的未來 / 牛奔, 耿爽, 王紅 著 . -- 第一版 . -- 臺北市：沐燁文化事業有限公司, 2025.02
面； 公分
POD 版
ISBN 978-626-7628-57-7(平裝)
1.CST: 大數據 2.CST: 資料處理 3.CST: 資料探勘 4.CST: 統計分析
312.74　　　　　114001544

電子書購買

爽讀 APP

AI 時代的資料科學，驅動創新的大數據技術：技術框架 × 創新模式 × 行業應用 × 商業價值……整合基礎概念、技術實踐與倫理挑戰，構建資料驅動的未來

臉書

作　　　者：牛奔，耿爽，王紅
發 行 人：黃振庭
出 版 者：沐燁文化事業有限公司
發 行 者：崧燁文化事業有限公司
E-mail：sonbookservice@gmail.com
粉 絲 頁：https://www.facebook.com/sonbookss/
網　　　址：https://sonbook.net/
地　　　址：台北市中正區重慶南路一段 61 號 8 樓
8F., No.61, Sec. 1, Chongqing S. Rd., Zhongzheng Dist., Taipei City 100, Taiwan
電　　　話：(02) 2370-3310　傳　　　真：(02) 2388-1990
印　　　刷：京峯數位服務有限公司
律師顧問：廣華律師事務所 張珮琦律師

-版權聲明-

本書版權為中國經濟出版社所有授權沐燁文化事業有限公司獨家發行繁體字版電子書及紙本書。若有其他相關權利及授權需求請與本公司聯繫。
未經書面許可，不得複製、發行。

定　　　價：450 元
發行日期：2025 年 02 月第一版
◎本書以 POD 印製